本书由：

国家自然科学基金面上项目（编号：71974168）
国家自然科学基金青年科学基金项目（编号：72104216）
浙江工商大学公共管理学院

资助出版

居民环保行为溢出效应的内在机理与影响因素研究

凌卯亮　徐　林　著

ZHEJIANG UNIVERSITY PRESS
浙江大学出版社
·杭州·

图书在版编目（CIP）数据

居民环保行为溢出效应的内在机理与影响因素研究 /
凌卯亮，徐林著. -- 杭州 ：浙江大学出版社，2023.3
ISBN 978-7-308-23382-8

Ⅰ．①居… Ⅱ．①凌… ②徐… Ⅲ．①城市－居民－
环境保护－研究－中国 Ⅳ．①X24

中国版本图书馆CIP数据核字(2022)第240058号

居民环保行为溢出效应的内在机理与影响因素研究

凌卯亮　徐　林　著

责任编辑	杨　茜	
责任校对	许艺涛	
封面设计	周　灵	
出版发行	浙江大学出版社	
	（杭州市天目山路148号　　邮政编码　310007）	
	（网址：http://www.zjupress.com）	
排　　版	杭州林智广告有限公司	
印　　刷	广东虎彩云印刷有限公司绍兴分公司	
开　　本	710mm×1000mm　1/16	
印　　张	15.5	
字　　数	201千	
版 印 次	2023年3月第1版　2023年3月第1次印刷	
书　　号	ISBN 978-7-308-23382-8	
定　　价	68.00元	

前　言

　　环境保护的核心问题是"人"的问题，理解居民环保行为的基本规律已成为当前环境管理领域的前沿课题。新近研究发现了一类"行为溢出"现象：当参与某类环保行为后，居民实践其他环保行为的水平也会相应上升（正向溢出）或下降（负向溢出）。这预示着倡导某类环保行为的公共政策既可能凭借行为的正向溢出助推居民自愿参与其他领域的环保事务，进而收获"事半功倍"的效果，也可能因行为负向溢出而减弱个体后续的环保行动意愿，甚至造成行为与政策之间的相互抵触。作为行为研究的热点议题，行为溢出现象一方面揭示了个体在环保实践中的复杂行为生态，另一方面凸显了政策干预对非目标行为潜在的"涟漪"效应，为环境管理与行为公共管理学研究提供了重要的理论增长点。

　　然而，有关行为溢出的两类基本问题目前仍未得到有效解决，亟待进一步探索。第一，行为溢出为何发生？尽管既有研究针对正向或负向溢出机制提出了种种假说，但各种假说理论之间彼此割裂甚至相互矛盾。更关键的是，现有理论并未深刻说明行为溢出现象的本质，也无力诠释行为之间时而呈现正向溢出、时而又产生负向溢出这一复杂现象，因此难以提供行为溢出内在机理的通则性解释。第二，行为溢出何时发生？溢出效应的显现往往取决于特定条件，但既往研究缺乏对行为溢出影响因素的系统性检视，无法明确框定行为溢出的发生条件。对此，本书展开理论与实验研究，深入探讨行为溢出的内在机理与影响因素。主要创新点包括：

（1）提出"自我推断"这一元认知模型，以此追溯行为溢出现象发生的本源，揭示溢出效应的深层次机理。"自我推断"模型表明，行为溢出的实质是，有限理性的个体在追求多重目标的连续决策过程中，借助过往行为对内在偏好展开"自我推断"所引发的行为前后一致（正向溢出）或偏离（负向溢出）现象。由此，"自我推断"模型将正、负向溢出效应纳入了统一的解释框架，弥合了现有研究的理论争议与不足。相关成果有助于推动行为公共管理领域的基础理论创新。

（2）系统性检视了决策主体、客体及决策情境中的四类异质性因素（个体价值观念、行为难度、政策干预及社会规范）对个体"自我推断"过程的潜在影响。特别的，研究整合了个体与集体两个层面的可能因素。这有助于突破当前行为研究层次单一的局限，为今后溢出效应分析提供了更加系统、更具一般性的分析框架。

（3）结合大样本调查实验法与田野准实验法对理论模型进行检验。一方面，应用实验类设计，有助于更准确地辨识行为间的因果关系；另一方面，采用的两类方法均以社区居民作为实验被试，能够保证研究结论更贴近真实世界。因此，与现有非实验与实验室实验研究相比，本书的研究方法能够同时实现较高的内、外部效度，有助于推动行为溢出分析方法的发展。

（4）基于理论与实验研究，进一步阐明了各类溢出效应的发生机理与边界条件。研究结论为政策分析、政策反馈等经典公共管理议题的讨论提供了来自微观层面的新思想与新证据，对于决策部门如何应用溢出效应蕴含的"行为杠杆"规律亦具有重要的参考价值。

本书以第一作者的博士学位论文《居民环保行为溢出效应的内在机理与影响因素研究》（2021年度浙江大学优秀博士学位论文）为蓝本，在团队新近研究成果的基础上完善形成。主要章节内容已发表于《环境心理学杂志》（*Journal of Environmental Psychology*）、《资源、保护和回收》（*Resources, Conservation, and Recycling*）、《环境管理期刊》（*Journal of Environmental Management*）等国际环境行为与环境管理领域的旗舰期刊上。本书承蒙国家自然科学基金面上项目、国家自然科学基金青年科学基金项目及浙江工商大学公共管理学院的资助支持，希望能为加强公共管理学与行为科学的学科对话、深化行为科学在我国环境管理领域的实践尽绵薄之力。

凌卯亮　徐林

2022 年 3 月于杭州

目 录

第一章

导　论

第一节　研究背景

近年来，公共管理学界愈发重视对"人"本身的研究。作为一门新兴的交叉学科，行为公共管理学强调借助行为科学的理论洞见分析公共管理现象的微观行为基础，并迅速成为当前公共管理学的前沿议题（Battaglio et al., 2019; Grimmelikhuijsen et al., 2017; 张书维和李纾，2018）。尤其是在环境保护领域，由于大量环境问题源于居民不可持续的生活消费模式（Steg & Vlek, 2009），理解个体环境行为（individual environmental behavior）对于引导公众参与环境保护、保障政策的实施效果至关重要（Clayton et al., 2016; Steg et al., 2014）。在此背景下，居民环保行为分析受到环境管理研究者的重点关注，大量文献围绕家庭节能、垃圾分类等具体行为展开探讨。

新近研究发现了一类有趣的"行为溢出"（behavioral spillover）现象：当居民践行了某类环保行为后，他们参与其他环保事务的意愿或程度也会相应变化（Nilsson et al., 2017; Truelove et al., 2014）。[①] 一方面，一些学者发现了行为间负向溢出（negative spillover）的证据。例如，Tiefenbeck 等（2013）的实验显示，当居民参与了节水活动后，其每周的能耗量却显著提高了 5.6%；又如 Werfel（2017）发现，从事家庭节电亦会削弱居民对政府碳税政策的支持程度，幅度竟高达 15.0%。另一方面，一些研究也表明

---

① "行为溢出"这一概念已被行为科学研究者广为接受，其特指同一个体所展现的不同行为选择之间的潜在关联（Dolan & Galizzi, 2015; Truelove et al., 2014），因此与其他领域的溢出概念有较大区别（参见本章第四节）。如无特殊说明，本书涉及的"行为溢出"或"溢出效应"均指居民环保行为的溢出效应。

行为间存在正向溢出（positive spillover），如购买绿色商品后居民在能源使用、资源回收和交通出行领域展现了更高的环保水平（Lanzini & Thøgersen, 2014）。这些研究指出，居民前后的环保行为之间存在特定的因果关联。

行为溢出效应为研究者观察、理解个体在环保实践过程中的复杂行为生态（complex behavioral ecologies）提供了重要窗口（Galizzi & Whitmarsh, 2019）。传统的环境行为研究往往遵循"行为孤立"（behaviors in isolation）视角（Dolan & Galizzi, 2015），聚焦个体对单一行为的决策过程，尤其将行为结果视为个体心理表征（psychological representations）催生的最终产物（Clayton et al., 2016）。在这一范式下，居民环保实践过程在很大程度上被视为个体各类决策结果的简单加总，而各行为决策之间亦被视为是独立的。相反，行为溢出分析强调以全局性视角审视个体环保行为间的潜在因果关联，并将个体环保实践视为各类相互勾连的行为元素有机构成的复杂系统，因此超越了既往单一行为研究的狭隘视域，进而推动了环境行为与管理领域的基础理论创新和研究范式进步（Galizzi & Whitmarsh, 2019）。近三年来，针对行为溢出效应的研究开始风生水起，受到了来自环境心理学、环境经济学、行为经济学、公共管理学及政治学等多个领域学者的共同关注，相关论文发表于环境研究的顶级期刊，[①] 这说明行为溢出分析正成为环境与可持续发展领域的热点与前沿。

此外，行为溢出研究有助于进一步加强行为科学与政策科学之间的学科对话。随着行为科学在公共政策实践中的广泛运用，行为公共政策（behavioral public policy）已然成为当前政策科学的重点发展方向（Tummers, 2019; 马亮, 2016; 蒙克和汪佩洁, 2018）。在环境保护领域，根植于个体心

---

① 这些期刊包括《自然·气候变化》（*Nature Climate Change*）、《自然·可持续发展》（*Nature Sustainability*）、《全球环境变化》（*Global Environmental Change*）、《环境经济与管理杂志》（*Journal of Environment Economics and Management*）、《环境心理学杂志》（*Journal of Environmental Psychology*）、《环境与行为》（*Environment and Behavior*）。

理认知规律的行为干预策略正不断涌现，旨在推动民众参与各类环保事务（Abrahamse & Steg, 2013; Osbaldiston & Schott, 2012）。然而，在单一行为的视角下，目标行为的改善程度仍然是政策制定与分析的主要依据（Jones et al., 2019; Maki et al., 2019）。行为溢出效应则进一步表明，将干预这块"鹅卵石""投"入居民行为的"水塘"中，不仅会在目标行为上"溅"起"水花"，也会在非目标行为上"激"起"层层涟漪"（Dolan & Galizzi, 2015）。因此，基于行为溢出规律检视居民政策响应过程中的复杂行为模式，行为溢出研究为探讨如公共政策分析、公众政策反馈（policy feedback）等经典公共管理议题提供了来自行为科学的新思想与新证据，这无疑有助于促进当前方兴未艾的行为公共管理学与行为政策科学的不断发展。

行为溢出的发现更为实践部门带来了重要的政策启示。例如，政府倡导某类环保行为可能通过正向行为溢出助推居民自愿参与其他环保事务，进而收获"事半功倍"的多重政策效果（Jones et al., 2019; Nash et al., 2019; Truelove et al., 2014）。因此，相比于传统的单一行为改善策略，行为溢出为公共部门推动居民生活消费方式的绿色转型提供了一种崭新的政策思路，即充分运用正向溢出隐含的"行为杠杆"规律，通过"以小博大"的方式促进个体亲环境行为的泛化（Galizzi & Whitmarsh, 2019）。事实上，英国环境、食品和农村事务部早在 2008 年便提出：辨识和推动具有正向溢出效应的环保行为，发挥行为间的"杠杆"作用，是促进民众生活方式可持续化的更为经济有效的政策选择（DEFRA, 2008）。然而，需要警惕的是，政策干预也可能由于负向溢出减弱居民后续的环保行动意愿，从而造成行为间的阻滞（Thøgersen & Crompton, 2009），甚至是不同政策间的相互抵触（Brandon et al., 2019; 徐林和凌卯亮，2017）。这意味着公共政策的实际效果或因负向溢出产生的隐性成本而大打折扣。

那么关键问题是，环保行为间的溢出效应为什么会发生？影响溢出效应具体形态的因素又有哪些？如果不能清晰地辨识出行为溢出的内在机理并阐明各类溢出效应发生的条件，那么正向溢出蕴含的政策价值将无法被充分开发，而负向溢出带来的消极影响也难以得到有效规避。尽管行为溢出已经引起了国际学界和实践部门的高度关注（Evans et al., 2013; Raimi, 2017; Thøgersen, 2013），并被誉为当前行为科学"最令人兴奋的领域之一"（Dolan & Galizzi, 2015; 卡尼曼, 2012），但相关研究尚处于起步阶段（Sintov, Geislar & White, 2017）。既有文献主要围绕行为溢出的具体形态展开了实证检验，对行为溢出的内在机理和影响因素这两类基本问题仍然缺乏深入研究（Maki et al., 2019; Truelove et al., 2014; Werfel, 2017）。它们构成了本书意图解决的关键问题。

第二节　研究目的

本书旨在探索居民环保行为溢出效应的内在机理，并进一步辨析行为溢出具体形态的关键影响因素，以回应行为溢出"为何发生"与"何时发生"这两个基本问题。研究主要包括行为溢出的理论研究与实验研究两个部分。总体研究框架如图 1-1 所示。

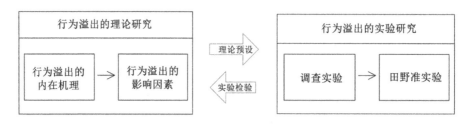

图 1-1　总体研究框架

具体的研究目的包括：

（1）行为溢出内在机理的理论分析。既往研究针对正向或负向行为溢出现象提出了多类解释机制，但理论之间彼此割裂甚至相互矛盾。更关键的是，现有理论并未深刻说明行为溢出发生的本质，也难以有效解释为何行为之间时而呈现正向溢出，时而又产生负向溢出这一复杂问题（参见第二章第五节）。追溯行为溢出的发生本源，进而揭示溢出效应的深层次发生机理，是本研究的核心目的。在吸纳心理学与行为经济学的多类理论思想的基础上，本研究围绕目标承诺与自我形象承诺这两类关键路径，构建了个体环保实践过程中的"自我推断"模型（Self-inference Model），以期深入挖掘行为溢出的内在机理，进而弥合现有理论之间的分歧与争议。

（2）行为溢出影响因素的理论分析。行为溢出的发生往往依赖特定的条件，但目前仍然缺乏对溢出效应影响因素的系统性检视。识别行为溢出的关键影响因素及其作用机制是本研究的另一核心目的。在理解行为溢出内在机理的基础上，本研究进一步探讨个体价值观念（决策主体异质性）、环境行为属性（决策客体异质性）、政策干预及社会规范（决策情境异质性）等多类因素对居民环保实践过程中"自我推断"机制的影响，明确这些因素对行为溢出具体形态的调节作用，进而构建行为溢出影响因素的理论模型。

（3）理论模型的实验检验。对于行为溢出影响因素理论模型的检验一方面需要准确识别行为间的因果关系（内部效度），另一方面也需要研究贴近现实居民的行为特性（外部效度）。现有溢出研究以非实验与实验室实验为主，均无法实现"鱼和熊掌兼得"的效果。本研究将以当前备受社会各界关注的居民垃圾分类为例，综合运用调查实验和田野准实验方法检视垃圾分类行为对若干私人、公共环保行为的溢出效应，完成对理论模型的检验与修正。一方面，通过实验类设计以便更好地辨识行为之间的因果关联；另一方面，以社区居民为实验样本，从而保证研究结论具有较强的代表性。

第三节 研究意义

一、理论意义

第一，本书在吸纳了如目标自我调节理论（Fishbach & Dhar, 2005; Fishbach et al., 2006; Fishbach et al., 2009）、道德自我调节理论（Merritt et al., 2010; Mullen & Monin, 2016）、自我感知理论（Bem, 1967; Truelove et al., 2014）、"信念资产"模型（Bénabou & Tirole, 2011）、"适应性全局效用"模型（Bradford & Dolan, 2010; Dolan & Galizzi, 2015）等多类行为理论思想的基础上，构建了个体环保实践过程中的"自我推断"模型，以此追溯行为溢出现象的本质，揭示行为溢出的深层次发生机理，继而弥合现有研究的理论争议与不足，故具有一定的理论探索价值。

第二，本书系统性检视了决策主体、客体及决策情境等方面的异质性因素对溢出效应的潜在影响。特别是，研究整合了个体与集体两个层面的可能因素，一方面讨论个体价值偏好这一关键心理动机对于行为溢出的作用，另一方面探讨如政策干预、社会规范等外部情境因素对溢出效应的形塑。这有助于突破当前环境行为研究层次（视角）单一的局限（Clayton et al., 2016; Steg et al., 2014），并为今后溢出效应的讨论提供了一个更加系统、更具一般性的分析框架。

第三，本书将结合调查实验法与田野准实验法对理论模型进行检验。一方面，应用实验类设计有助于更准确地辨识行为间的因果关系；另一方面，研究采用的两类方法均以社区居民作为实验被试，能够保证研究结论更贴近真实世界（罗俊等，2015; 任莉，2018）。因此，与现有非实验与实验室的实验研究相比，本书的研究方法能够同时实现较高的内、外部效度，有助于推动行为溢出检验方法的进一步发展。

第四，作为一门新兴交叉学科，行为公共管理学运用行为科学理论与实验研究方法，着重分析公共管理现象的微观行为基础（Battaglio et al., 2019; Grimmelikhuijsen et al., 2017; 张书维和李纾，2018）。本研究通过吸纳行为科学的理论洞见并运用两类实验方法，探讨个体环保行为的溢出规律，研究结论有助于推导居民政策响应行为之间的潜在因果关联。本书希望能为公共政策分析、公众政策反馈等公共管理议题的讨论提供微观层面行为科学的新思想与新证据，为进一步加强公共管理学与行为科学的学科对话做出一定贡献。

二、现实意义

当前我国生态环境形势愈发严峻，公众在环境治理中的关键主体角色日益凸显。在此背景下，深入理解并运用个体的行为规律、发挥居民在环保事业中的重要力量是环境管理领域的一项重大现实议题。本书将通过探索行为溢出的内在机理和影响因素，阐明各类行为溢出的发生条件，并围绕研究结论提出相应的对策建议。这些结论能够帮助决策部门准确应用正向溢出蕴含的"行为杠杆"效应，通过"以小博大"的方式助推居民广泛参与其他领域的环保事务，进而收获多重政策效果，并有效规避负向溢出带来的行为阻滞问题。因此，本书对于深化行为科学在我国环境政策与管理领域的实践、促进居民生活消费方式的绿色转型具有重要的现实意义。

第四节　基本概念

一、居民环境保护行为

大量环境与生态问题源于人类不可持续的生产与生活行为（Steg & Vlek, 2009）。引导公众参与环境保护、推动居民生活模式的可持续转型已成为各国政府面临的紧迫课题。学界对环境保护行为（pro-environmental behavior）的一般定义是：解决环境资源与能源问题、协调人类与生态系统关系、保护生态环境可持续发展的各类个体行动的总称（Stern, 2000）。"行为"是一个相对宽泛的概念。在探讨环境行为时，除了实际的行动与实践外，既往文献也重视对行为意图（intention）、政策支持（policy support）等环保意愿或倾向进行考察。行为意愿是个体行动最直接的影响因素之一，例如，经典的计划行为理论（theory of planned behavior）将意愿视为连接具体心理构念与个体实际行为之间的桥梁（Ajzen, 1991）。

对环保行为进行类型化区分的依据众多，如行为难度、行为相似性等。一类常用的标准是按照行为发生领域将环保行为简单二分为私人行为与公共行为（Stern, 2000）。私人环保行为（private-sphere environmental behaviors）指涉居民在购买、消费和处理私人或家庭消费品过程中直接改善环境质量的各类行为，如对日常的生活垃圾进行分类投放、随手关灯或节约用水。研究者主要关注两大领域的私人环保行为：节能（如家庭节电、节水等）与回收（生活垃圾源头分类、循环利用资源等）。公共环保行为（public-sphere environmental behaviors）指代居民参与公共环保事务、以期影响集体选择规则制定与执行的各类行为。研究者强调，相比于私人环保行为，公共行为能够通过改变公共政策体系进而对环境保护产生更为深远的影响（Stern, 2000; Thøgersen & Crompton, 2009）。Stern 等（1999）进一步将公共环保行为细分为三类：一是对公共政策的被动接受（passive acceptance of public policies），如对环境规制、税收等政策表达支持，或向相关政党投票以支持其意图实施的环境政策；二是承诺度较低的公民行为（low-commitment active citizenship），即相对低调、不会使自己置身于高度风险的政治活动，如向政治决策者写信或向压力集团捐款支援环保事业；三是承诺水平较高的激进行为（committed public activism），即更为高调、将承担较高风险的行为，如参加环保游行或加入环保抗争组织。

二、环保行为的溢出效应

针对居民环保行为领域的研究往往围绕单一行为展开。相反，环保行为的溢出效应（pro-environmental behavior spillover）关注个体的不同行为选择之间的潜在因果关联，即实施初始环保行为对个体参与后续环保事务的意愿或水平的影响，例如，当实施家庭垃圾分类这一行为后，个体对垃圾税费政策的支持程度或参与家庭节电的实际水平可能也会发生改变。这一定义强调了行为溢出研究的三个重要特征。

第一，鉴于行为溢出具有强烈的反事实色彩，重点探讨行为之间的因果关联。行为溢出比较的是同一个体在是否实施初始环保行为的不同条件下，其后续环保行为意愿或水平的差异，因此"溢出"在这里指的是个体自身实施的多类行为之间的联系，而非行为主体实施的活动对他人行为产生的"社会影响"（social influence），或对他人及公共福利造成的"外部性"（externality）作用。同时，由于"人不能两次踏入同一条河流"，现实世界中只可能观察到个体是否参与初始行为这两类状态中的一种，而另一结果必定缺失，因此对于行为溢出的因果推断必须建立在反事实框架（counterfactual frame）之上，且只能用平均效应（average effects）予以替代（罗俊等，2015）。这也意味着以随机分配与干预操纵为核心的实验法是检验行为溢出的最佳方法。

第二，行为溢出研究关注的是两类依次发生的不同环保行为之间的潜在关联，因此与调试性学习（adaptive learning）、行为习惯（behavioral habits）等针对同一行为展开的时序研究等有所区分（Dolan & Galizzi, 2015）。另外，也有学者关注行为的"情境溢出"（contextual spillover），即个体在多大程度上会在不同情境中实施同一环保行为（Frezza et al., 2019; Littleford et al., 2014; Verfuerth et al., 2019; Whitmarsh et al., 2018）。例如，Littleford 等（2014）基于英国东米德兰政府机关职员的调查数据发现，个体的家庭节电行为往往与工作情境中的节电行为高度正相关；而 Barr 等（2010）却发现在日常家庭生活中践行环保程度较高的个体更不倾向于在外出旅游时实施环保行为。尽管这类研究也关注行为之间的相互关联，但由于仍然聚焦单一行为，所以不在行为溢出的研究范畴之内。

第三，与传统单一行为研究类似，行为溢出研究对"行为"也采取广义的理解，并非单指个体的实际行动。一方面，在"实施初始环保行为"这一条件下，学者发现个体无须真正参与初始行为，如回忆自己过往的环保行为（van der Werff et al., 2014a, 2014b; Werfel, 2017）、想象自己参与了初始行为（Chatelain et al., 2018）甚至表达参与或支持环保的意愿（Hagmann et al., 2019），也会对后续行为造成影响。事实上，由于研究操纵个体参与实际环保行为的难度较大，大量实验采取过往行为回忆、假想情境代入或未来意愿表达等技术手段分析初始行为对后续行为的潜在影响。在这些条件下行为溢出依然稳健，这表明催生溢出效应的真正前提是个体对过往行为的感知，而非行为的实际参与水平（Fishbach & Dhar, 2005; Fishbach et al., 2006）。另一方面，在"后续行为改变"这一结果上，研究不仅考察实际行为受到的影响，也关注环保意愿、政策支持的变化（Lacasse, 2015, 2016; Truelove et al., 2016）。

此外，由于个体实施初始环保行为往往是受到特定干预后的行为反应（behavioral response），行为溢出研究一般遵循"干预—目标行为—非目标行为"这种三段式结构，干预对目标行为的影响是其直接效果，也是传统政策分析与评估中主要依赖的标准。行为溢出分析更关注行为干预对非目标行为的改变。正如前文强调的，针对目标行为的干预策略可能借助行为溢出"渐进"地影响非目标行为，即行为干预政策可能对非目标行为具有"涟漪"效应。这一发现为行为科学与行为公共管理研究提供了重要的理论增长点，也是溢出效应巨大实践价值与应用前景的核心体现。这里的"行为干预"指代其最宽泛的含义，即任何改变个体行为水平或感知的外部刺激因素（stimuli），既包括真实世界中的各种行为干预措施，如实施新行为的请求、助推、宣传教育活动、税费、提供环保基础设施、规制政策等，也包括研究者的各类实验操纵手段，如前文提及的行为回忆、想象等干预技术（Dolan & Galizzi, 2015; Truelove et al., 2014）。应注意，行为溢出并不完全等同于心理学的"启动"效应（priming effect）。前者表示初始行为（感知）的改变对后续行为的影响，一般具有明确的三段式结构；后者指代个体心理特征在某一情境中被无意识激活（即"启动"），尔后影响个体在后续看似无关情境中的判断与行为，故并不一定需要对目标行为展开操纵。

最后需要说明的是，本书不涉及对反弹效应（rebound effect）的考察。作为环境经济学的一大重要议题，反弹效应研究意图回应著名的"杰文斯悖论"（Jevons, 1866），即旨在提高能源使用效率的技术革新为何反而增加了社会的资源消耗量。个体层面的反弹效应有直接（新技术的引入提高能源使用效率并降低了能耗产品的使用成本，进而提高目标能耗品的使用频率）与间接（能耗品使用成本的下降增加了个体可支配收入，进而提高个体参与其他能耗行为的水平）之分（Gillingham et al., 2013），而间接反弹效应与行为溢出现象更接近。尽管如此，两类效应的解释机制却截然不同：行为溢出发生的关键是个体决策者在连续决策过程中心理动机或感知偏好的动态演变（详见本书第二、三章），而目前学界对反弹效应的解释则重在经济学的价格机制分析，并不涉及对个体非经济动机的讨论（Dolan & Galizzi, 2015; Truelove et al., 2014）。此外，即使新技术的引入提高了个体参与非目标能耗行为的程度，但这一反弹效应也并不一定只由收入效应引发，非经济动机的波动也可能发挥作用（Truelove et al., 2014）。因此，探究行为溢出规律对于进一步深化反弹效应的相关研究也具有重要的启发意义。

第五节　研究方法与结构安排

一、研究方法

本书将采用规范分析与实证研究相结合的方法，探讨环保行为溢出效应背后的心理学机制，以及识别行为溢出具体形态的影响因素。在对心理学和行为经济学多类行为理论展开深入检视的基础上，首先构建了个体连续决策过程中的"自我推断"模型，以此作为各类行为溢出发生的通则式解释，从而深入揭示行为溢出的内在发生机理。结合既往环境行为研究的相关成果，本书进一步对可能影响"自我推断"机制的各类因素展开分析，以此系统地识别行为溢出的影响因素。理论模型的构建将指导实证研究的开展。

实验法是实证研究的核心方法。对于个体行为间因果关系的推断是检验行为溢出效应的关键。实验法作为因果检验的黄金法则（罗俊等，2015），近年来被公共管理学者大力倡导（陈少威等，2016），这也是行为公共管理的主要研究方法（张书维和李纾，2018）。本研究将基于社区居民样本，综合运用调查实验与田野准实验两类实验法，检视居民参与家庭垃圾分类对其实施其他环保行为的意愿或水平的溢出效应。具体而言：

（1）大样本居民的调查实验。基于行为溢出的理论模型，首先开展社区居民的调查实验。按照"区县—街道—社区—小区"分层多阶段相结合的抽样方法，随机抽取了杭州市 126 个社区共 254 个小区的大样本居民作为实验被试。通过第一轮问卷了解个体和社区的基本属性。然后对被试展开第二轮调查实验，将有关居民垃圾分类行为感知的操纵实验内嵌在大规模问卷调查中实施。通过比较干预组与对照组在行为与心理变量上的差异，识别垃圾分类行为与其他环保行为的因果关联，并完成对"自我推断"机制的中介效应模型（mediation model）的检验。在此基础上，结合第一轮问卷调查数据，进一步将多类影响因素纳入检验模型，构成有调节的中介效应模型（moderated mediation model），系统检验各方因素对行为溢出及其内在机制的潜在作用。

（2）田野准实验。在调查实验的基础上，将放松对居民垃圾分类行为感知的直接操纵，检视在垃圾分类政策实际推广过程中居民展现的行为溢出效应。由于现实生活中政策干预无法在居民个体层面上进行随机分配，因此本书设计了田野准实验研究。事先结合地方政府的垃圾分类推广计划，从拟推行垃圾分类的社区中随机抽取居民作为干预组被试，并从地理位置毗邻、类型相似但不推广垃圾分类的社区中抽取居民形成对照组样本。在干预实施前、后分别对被试展开问卷调查。通过样本选择时的社区匹配（推广和不推广垃圾分类的社区在内外部环境结构上大体相似）和数据处理时的统计控制（检验模型控制多类重要的混淆变量）这两种手段，保证干预组和对照组被试在除了是否接受垃圾分类政策干预以外的其他特征上近似等同，以更好地检视对行为之间的因果关系，并进一步检验行为溢出的内在机理与影响因素。

二、技术路线

本研究的技术路线如图 1-2 所示。

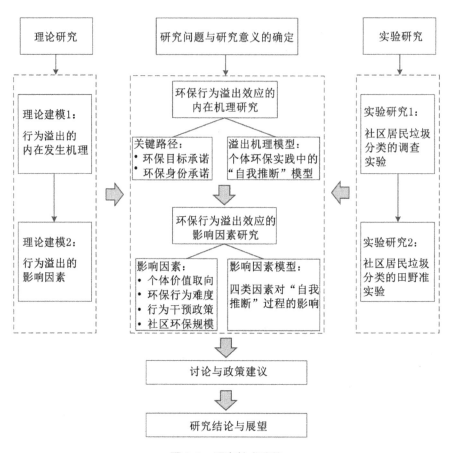

图 1-2　研究技术路线

三、主要内容与结构安排

本书按照以下章节进行：

第一章是导论。介绍本书的研究背景，提出研究问题与目的，揭示本书的理论与现实意义，介绍与本书的研究相关的基本概念，阐明具体的研究思路、方法与技术路线。

第二章是研究回顾。按照"具体形态""内在机理""影响因素""检验方法""简要述评"等五个方面进行组织，系统回顾居民环保行为溢出效应的理论与经验研究。通过梳理研究现状评价研究进展，并提出有待推进之处。

第三章是行为溢出的理论研究："自我推断"模型。首先推演个体在环保实践过程中的"自我推断"机制，构建行为溢出的内在机理模型；其次进一步阐释个体的价值观念、行为难度、政策干预和社会规范对"自我推断"机制的影响，构建行为溢出的影响因素模型；最后基于理论分析提出研究的关键假设，引导后续实验研究的开展。

第四章是垃圾分类对公共环保行为的溢出：来自调查实验的证据。本章介绍了一个基于大样本社区居民的调查实验，该实验旨在检视（回忆）过往垃圾分类行为对后续公共环保行为意愿的溢出效应。具体内容按照实验设计、数据分析、讨论的顺序展开，汇报调查实验对行为溢出理论模型的检验结果，并对实验发现展开细致讨论。

第五章是两类政策干预下的行为溢出：来自田野准实验的证据。本章介绍了两个田野准实验，一个为期 3 个月，为短期实验；另一个历时 15 个月，为长期实验。这些实验意图观测家庭垃圾分类政策实际推广过程中居民展现的溢出效应，尤其关注信息宣传与经济激励等两类干预策略对溢出形态及其发生机制的影响。各实验的具体内容同样按照实验设计、数据分析和讨论的顺序展开，汇报并讨论实验检验结果。

第六章是综合讨论与政策内涵。针对两类实验研究结果展开综合讨论，并阐释行为溢出规律的政策内涵与应用前景。

第七章是结论与展望。梳理研究发现，提炼研究结论，指出本书存在的局限与未来研究的可能方向。

第二章

研究回顾

本书聚焦居民环保行为的溢出效应，尤其关注行为溢出的内在机理与影响因素。根据研究问题，本章按照具体形态、内在机理、影响因素、检验方法及简要述评等五个方面进行组织，系统回顾了居民环保行为溢出效应的既有理论与经验研究。通过梳理研究进展、总结理论工具，为理论模型研究提供关键支撑。具体而言，第一节回顾了环保行为溢出效应的既有经验证据；第二节审视了"目标激活""行为一致""道德许可"及"单效偏见"等四类行为溢出的现有理论解释；第三节检视了已有研究对行为溢出影响因素的考察情况；第四节梳理了行为溢出的现有检验方法；第五节对当前的研究进展进行了简要述评。①

第一节　行为溢出具体形态的实证检验

20 世纪末，少量研究已经开始关注环保行为之间的潜在关联（Berger，1997；Thøgersen，1999）。2000 年以降，对于行为溢出的分析逐渐增多，尤其是在 2017 年后大幅增加。就国内外研究现状而言，绝大多数文献来自北美、西欧和澳大利亚等发达国家或地区，相关研究目前在我国仍未起步，只有极少数本土学者开始关注并探讨这类效应（徐林、凌卯亮，2017）。在行为溢出的实证检验上，已有研究一般关注私人环保行为之间的溢出效应，以及私人行为对公共环保行为的溢出效应。

---

① 本章部分内容已经发表在 SCI 一区期刊 *Resource, Conservation, and Recycling* 上（Xu et al.，2018b）。

一、私人领域环保行为间的溢出效应

目前研究者主要检验了居民家庭能源消耗、出行方式选择、消费品购买、废弃物回收等多种家庭私人环保行为之间的溢出效应（徐林和凌卯亮，2017），然而实证结果却错综复杂（Maki et al., 2019; Truelove et al., 2014）。一方面，各类行为溢出的证据均有被发现。既有学者发现了正向行为溢出（Ek & Miliute-Plepiene, 2018; Lauren et al., 2019; Sintov et al., 2017; Thomas et al., 2016）。例如，Lanzini 与 Thøgersen（2014）针对丹麦大学生的田野实验结果表明，购买了低碳产品的被试更愿意随手关灯、回收废弃物和搭乘公共交通；又如，Thomas 等（2016）基于英国一次性塑料袋收费政策的自然准实验结果显示，在居民响应收费政策、实施购物袋循环利用行为后，他们践行其他六类亲环境行为的程度显著提升。也有研究报告了负向行为溢出效应（Chatelain et al., 2018; Geng et al., 2016, 2019; Tiefenbeck et al., 2013）。例如，Tiefenbeck 等（2013）的准实验结果表明，当居民参与了日常节水活动后，家庭的日均用水量下降了 6%，但每周的用电量却显著提高了 5.6%；Chatelain 等（2018）的实验室实验结果也支持了居民私人环保行为之间存在负向溢出。还有一些研究并未发现溢出效应存在的证据（Lacasse, 2019; Poortinga et al., 2013）。另一方面，针对同一对象的不同研究有时甚至得出了截然相反的结论（Truelove et al., 2014）。

二、私人行为对公共行为的溢出效应

此外，研究者也开始关注私人领域的绿色行为能否影响个体对公共领域环保事务的参与意愿。正如 Stern 等（1999）、Thøgersen 与 Crompton（2009）所指出的，当前生态危机愈发严峻，不仅要求居民从身边的小事做起，更需要居民积极参与公共环保事务，如对环保政策的支持、参加志愿活动或环保组织、为致力于环境保护工作的政治家投票等，进而为政府深化生态环境保护领域的改革创造动力与空间。随后的研究对私人与公共环保行为间的溢出效应进行了检验，此类研究重点关注个体对公共环保政策的支持程度是否受到其参与私人领域环保行为的影响。然而与私人领域环保行为间的溢出效应检验结果类似，"私人环保行为—公共环保行为"关联的实证结果仍然错综复杂，各类溢出形态的证据均被发现（Carrico et al., 2018; Lacasse, 2015, 2016; Noblet & McCoy, 2018; Thøgersen & Noblet, 2012; Truelove et al., 2016; Werfel, 2017）。例如，Werfel（2017）通过网络调查平台在日本全国范围内招募了 1 万余名在线用户作为研究被试，通过将行为干预内嵌于调查问卷的方式（请干预组的居民汇报自己在 2011 年福岛核电站泄漏事件后参与家庭节电的行为水平），对样本展开调查实验。实验结果表明，相对于对照组而言，干预组居民对于政府碳税政策的支持度更低，整体降幅竟高达 15%。相反，运用类似干预手段的其他实验研究却发现了正向溢出证据（Lacasse, 2015, 2019）。

第二节 对行为溢出内在机理的解释

尽管环保行为的溢出效应研究是瓶"新酒"，但揭示个体行为之间因果关联的"窖藏"却早已有之。在消费者行为、道德或亲社会行为及行为决策等多个领域，研究者均发现初始行为决策对个体后续行为结果具有显著影响（相关内容参见第三章第一节），并由此发展了若干解释机制，为当前学者解释环保行为的溢出现象提供了重要的理论支撑。依托这些理论，有研究认为，过往环保经历通过有意识或无意识的方式改变个体的内在动机进而影响其后续的环保决策，是行为溢出发生的主要路径（Dolan & Galizzi, 2015; Truelove et al., 2014）。

简要而言，"目标激活"（goal activation）和"行为一致"（behavioral consistency）理论一般被用来解释正向溢出效应。前者认为过往的环保经历可能会"激活"个体对环保目标的认知可及性感知（cognitive accessibility），进而促使其参与其他环保类活动（Carrico et al., 2018; Thøgersen & Noblet, 2012）；后者强调个体具有维护行为一致性的天然倾向（Bem, 1967）。环保的自我认同感（environmental self-identity）是促使个体参与多类环保行为的重要动机因素（Whitmarsh & O'Neill, 2010）。进一步的，过往的环保经历会增强个体对环保的自我认同感（Truelove et al., 2014; van der Werff et al., 2014a, 2014b），且个体的环保认同感越强，个体生态规范感知（personal ecological norms）越高（van der Werff et al., 2013a），对于前后行为不一致所带来的认知失调（cognitive dissonance）的容忍程度也就越低（Thøgersen, 2004），因此更加倾向于参与后续的环保行为。

单效偏见（single-action bias）和道德许可（moral licensing）则是一些研究者解释负向溢出效应的理论机制。单效偏见理论指出，当个体参与环保实践后，会倾向于相信自己已经做了力所能及之事，这种"盲目的自信"将会降低他们参与后续环保行为的必要性感知与意愿，进而导致负向溢出的发生（Truelove et al., 2014; Weber, 2006）。道德许可理论则认为人们在践行环保等道德规范行为后会强化自身的道德形象感（Jordan et al., 2011; Zhong et al., 2009）。而当再次面临环保决策时，他们倾向于通过给予自身"道德嘉奖"的方式为后续不作为甚至不道德行为提供"免责许可"（Truelove et al., 2014; 2016）；或给予自身"道德凭证"，改变对自己实施后续道德歧义行为的消极理解，以摆脱由于认知失调带来的内在压力和不安感（Effron et al., 2009; Merritt et al., 2010; Monin & Miller, 2001）。

一、目标激活理论

作为认知心理学的核心概念，目标（goals）指涉个体对其意欲实现的目的或境界的认知表征 [①]（Fishbach & Ferguson, 2007a）。相应的，目标体系（goal system）是由一系列相互勾连的目标及其实现方式所组成的动机网络的心理表征（Kruglanski et al., 2002）。既往目标理论及研究认为，设定特定目标会激励个体采取目标一致行为、努力实现目标。尽管目标是影响个体日常行为的一类重要心理动机，但其行为影响力取决于个体对该目标的认知可及性。认知可及性指涉个体从记忆中检索一个观点或概念的难易程度，具有较高认知可及性的心理构念能够更迅速地从记忆中"调取"出来，进而影响个体的评价、态度与行为（Fishbach & Dhar, 2007）。目标在记忆或认知中的可及性是人们实施目标一致行为以实现目标的前提与潜在机制。目标的认知可及性越强，人们追求目标的动机也就越高，目标的力量就越强（Fishbach & Ferguson, 2007a）。

目标作为一类记忆构念，其认知可及性具有一定程度的可塑性。既有文献辨识了两类影响目标认知可及性的因素。第一，作为一类超越具体情境、具有长期稳定性的基本动机结构，个体秉持的价值观念（values）反映了个体内在的深层次偏好，是塑造个体目标的核心要素（Steg et al., 2014）。价值决定了特定目标的长期可及性或习惯近用性（chronic accessibility），进而影响对目标重要程度的一般性感知。例如，当个体基本的环境或社会价值偏好越强时，环保或公益目标的长期认知可及性往往也越高，因此个体在具体情境中主动实施环保或利他行为的动机会更强。相反，个体的利己价值越强，私益目标的长期可及性越高，其追求利己行为的动力也越足（Steg et al., 2014）。第二，与其他的语义构念（semantic network）类似，目标的强度或可及性也会被具体的情境线索（situational cues）所激活（activation）。被暂时激活的目标能够从潜伏和沉睡状态转变为准备或待命

[①]　认知或心理表征（cognitive or psychological representations）是外部事物在心理活动中的内部再现，一方面反映了事物的语义属性，另一方面是我们心智系统加工编码后的产物，并存储于记忆中供心智系统调用。

状态。处于待命状态的目标，类似于行动者手头的工具箱，能够随时从记忆中调取出来。目标激活或启动是一个无意识的隐性运行过程，通过强化特定目标的认知可及性进而提高个体对目标及其相关信息的注意力与评价的积极程度，从而促使个体实施目标一致行为。

基于目标激活原理，践行初始环保行为可能有助于激活个体的环保目标，进而提高个体参与其他领域的环保行为的可能（Thøgersen & Crompton, 2009; Thøgersen & Noblet, 2012）。例如，Carrico 等（2017）利用"环境关心度"来衡量个体对环保目标的认知可及性感知，并为目标激活机制对正向行为溢出的解释力提供了证据支持。他们的田野实验表明，减少红肉消费行为能够提高个体的环境关心度，以及向环保组织捐赠行为，进而促生行为之间的正向溢出。又如 Sintov 等（2017）的田野实验也发现，践行厨余垃圾分类能够强化个体对垃圾问题的认知可及性感知，并促使个体更倾向于参与垃圾减量行为。尽管这一机制较早便被研究者所提出（Thøgersen & Noblet, 2012），但相关检验总体上仍然较少。

二、行为一致理论

行为一致性效应或许是研究者在论述行为正向溢出现象时最常使用的解释机制。该机制源于社会心理学经典的自我感知理论（self-perception theory）（Bem, 1967）。该理论强调，人们经常通过观察自己过往的行为以推断自身态度与偏好，并形成具体的自我概念（self-concept）。此外，"认知失调"（cognitive Dissonance）理论进一步指出，个体的态度与行为之间的不一致往往会引发个体内在的焦虑与紧张，为避免认知失调导致的心理不舒适，个体具有维护认知与行为一致性的天然欲求（Festinger, 1962; Freedman & Fraser, 1966）。因此，当践行了某类行为后，个体会从中推断自己具备与初始行为一致的态度或倾向。当在后续情境中面临类似行为时，他们会为了避免因认知失调带来的内在压力而努力确保自身行为的一致，进而导致正向溢出效应的产生。

行为一致或认知失调假设已被大量研究证实，并广泛运用于市场营销、企业管理、公共教育宣传等领域（Thøgersen & Crompton, 2009; Truelove et al., 2014; 徐林、凌卯亮, 2017）。其中，著名的"登门槛"效应（foot-in-the-door technique）正是运用这一行为规律的典型代表。该效应表明，个体最开始只愿接受他人简单易行的请求而非难度较高的要求，但当个体接受了较小的请求后，基于行为一致性动机，往往也会倾向于答应他人实施难度更大的请求（Freedman & Fraser, 1966）。

在环保行为研究中，学者普遍将环保认同感（pro-environmental identity）作为一类影响个体环保行为的关键自我感知因素（Carrico et al., 2018; Lacasse, 2016; Truelove et al., 2014; Truelove et al., 2016）。既有研究发现，环保认同感是一类促使个体参与环保行为的重要感知因素（Whitmarsh & O'Neill, 2010）。个体的环保认同感越强，对于生态保护的内在规范感知越强，参与各类环保行为的意愿或程度也越高（van der Werff et al., 2013a）。更重要的是，与目标类似，这类自我形象感知也具有一定程度的可塑性，受到个体价值偏好与过往环保行为经历的双重影响（van der Werff et al., 2013b, 2014b）。van der Werff 等（2014b）的系列实验研究发现，一方面，当人们越认同环保价值时，他们越觉得自己是一类乐于参与环境保护的人，因此具有更高的环保自我认同感；另一方面，当个体回忆起自己过往的环保经历后，他们将自己视为环保主义者的程度越高。当个体环保身份认同感越强时，其越倾向参与其他环保行为（van der Werff et al., 2014b）。这些证据表明，个体过往的环保行为有助于强化个体的环保自我认同，提高他们参与其他亲环境行为的意愿，进而促进正向溢出的发生。

尽管环保自我认同对正向溢出的关键中介作用已经被不少研究证

实（Lacasse, 2016; Lauren et al., 2019; van der Werff et al., 2014a, 2014b），Truelove 等（2016）的实验室实验却发现，在参与完废纸回收行为后，共和党被试的环保认同感不会发生变化，但民主党被试的环保认同感却显著降低，并对校园环保基金展现出更低的支持度。这一研究指出，既往环保行为亦可能削弱个体的环保自我认同，进而引致负向溢出的发生。类似的证据也在 van der Werff 与 Steg（2018）的实验中被发现。这些对立的发现暗示着，自我形象认同机制可以同时成为正、负向溢出机制的解释机制，而该机制的具体形态可能具有高度的情境依赖性。这也表明研究者应当在探讨行为溢出基本发生机理的基础上，进一步辨识影响溢出具体形态的关键因素［例如 Truelove 等（2016）的研究中被试的政治身份背景，或废纸回收行为自身的特有属性］。

三、道德许可理论

道德许可效应旨在解释前后道德行为的偏离现象，即过往的道德行为①可能会减少个体后续的道德行为，甚至促使个体参与不道德行为（Effron & Monin, 2010; Hofmann et al., 2014; Merritt et al., 2010; Monin & Miller, 2001; Mullen & Monin, 2016; Zhong et al., 2009）。Monin 和 Miller（2001）对于个体偏见（prejudice）的研究被视为道德许可研究的开山之作。他们的实验表明，当人们通过实施"政治正确"行为（如支持种族平等）获取了"我不是偏见者"的"道德凭证"（moral credentials）后，他们在后续的决策中更易表达偏见。更重要的是，即使个体的初始道德行为不被他人知晓，个体也能从中获得道德凭证，并减弱实施政治正确行为的意愿。这表明，

---

① 在心理学研究中，对道德行为（moral behavior）的指代相对宽泛，如伦理、慷慨、同情、诚实、助人、高尚正义、不带偏见的行为，也包括环保行为（Mazar & Zhong, 2010）。道德行为往往有益于他人、环境和社会整体的福利。相反，不道德行为（nonmoral behavior）指涉更加利己、自私（self-serving）而不利于提高他人利益的行为（Susewind & Hoelzl, 2014）。

许可效应源于个体自我形象感知或自我身份认同的变化，并不能完全从社会形象感（如意图成为他人眼中的有道德之人）的视角予以解释（Monin & Miller, 2001）。随后的研究在更一般的道德或亲社会行为领域中发现了许可效应的证据。例如 Mazar 与 Zhong（2010）的实验表明，当被试购买了绿色商品后，他们在后续博弈中的不合作倾向更强、实施非诚信行为的程度更高。同时研究还表明，实施道德行为并非许可效应发生的唯一充分条件，回忆自己过往的道德行为（Jordan et al., 2011）、想象自己已经参与了某类道德行为（Khan & Dhar, 2006），甚至知晓自己未来从事道德行为的机会（Khan & Dhar, 2007），均有可能改变个体的自我形象感知，进而诱发许可效应。此外，基于对 81 篇 "道德许可" 主题实证文章的元分析，Blanken 等（2015）发现 "道德许可" 效应量（Cohen's d）的 95% 置信区间为 0.23 到 0.38。

Mullen 与 Monin（2016）进一步区分了两类道德许可效应。第一类即 Monin 与 Miller（2011）提出的 "道德凭证" 效应（moral credentials）。这一效应强调既有的道德行为能够改变个体对后续不道德行为的看法与理解，即从原有道德行为中感知自己是一个道德的人，进而减弱对自己参与后续道德歧义行为的消极归因（Mullen & Monin, 2016）。第二类被称为 "道德积分" 效应（moral credits）。这类效应指出，当个体践行了某类道德行为后，其自我道德形象（moral self-image）会得到强化，而当面临其他道德行为决策时，倾向给予自己 "道德嘉奖" 或 "道德积分"，这为个体的后续行为决策提供了 "道德许可"，从而导致个体允许自己做出违背自我道德标准的行为（Jordan et al., 2011; Merritt et al., 2010; Miller & Effron, 2010; Mullen & Monin, 2016）。两类效应之间具有差别：道德凭证效应往往发生在后续行为无法被完全认定为非道德行为的情境中（Effron & Monin, 2010）。例如，从若干应聘者中挑选男性而非女性应聘者，由于男性应聘者的能力可能的确高于女性应聘者，该行为无法被完全断定为性别歧视行为。在此情境中，当面试官回想起自己以往支持性别平等的行为后，其可能更坚定地认为自己不是性别歧视者。这一自我形象推断为其实施只招募男性应聘者这一性别歧视行为提供了归因保障，即自己不是因为内在性别歧视偏好、而是基于应聘者实际能力才做出这一决定。相反，当后续行为是公然的道德违背行为时（如欺骗行为），道德凭证不会发生，此时道德积分效应更易发生。道德积分模型强调既有道德行为并没有改变个体对后续行为的归因，即个体依然认为后续行为不符合社会规范与道德准则，然而自己既有的道德行为已经给自己"攒足了积分"，使自己"有权利"践行不道德行为（Mullen & Monin, 2016）。

研究者还发现了一类与道德许可截然相反的"道德洁净"效应（moral cleansing）：当个体实施初始不道德行为后，其更倾向于实施后续道德行为（Sachdeva et al., Zhong & Liljenquist, 2006）。基于自我完成理论（self-completion theory），研究者提出道德自我调节模型（moral self-regulation），以此整合道德许可与道德洁净效应（Wicklund & Gollwitzer, 1982, Jordan et al., 2011; Zhong et al., 2009）。道德自我调节机制的核心在于道德自我形象感知的变化。成为道德之人是人们追求的重要目标。理想的"道德自我"（ideal moral self）是个体意图实现的道德水平，而道德的"真实自我"（actual moral self）是个体对自己当前道德水平的感知。"理想自我"为个体提供参照点，使"真实自我"与"理想自我"之间的差距可以被评估。人们经常会问："我是一个道德的人吗？"并通过检视"真实自我"与"理想自我"之间的差距来回答这一问题。初始的道德行为会使"真实自我"水准高于"理想自我"，个体更会对后续不道德行为产生一种"理所应当"或赋权感。[1] 此时个体倾向于采取许可机制，许可自己少参与道德行为，甚至参

---

[1] 道德自我调节模型中的道德许可机制更多地指向道德积分效应，对道德凭证效应的考察较少。

与非道德行为从而使"真实自我"水准回落到"理想自我"附近。相反，初始的不道德行为会使得"真实的道德自我"水准低于"理想自我"，当个体无法将非道德行为进行外部归因时，非道德行为会促使个体产生情绪上的不安与愧疚。此时个体倾向于采取补偿即道德洁净机制，通过参与后续道德行为来恢复已受损的道德自我价值。[①] 道德许可与道德洁净机制此消彼长，一个机制的终端是另一个机制的开始（Zhong et al., 2009）。

由于环保行为是一类特殊的道德行为，道德许可效应也被用于解释环保行为的负向溢出（Gholamzadehmir et al., 2019; Noblet & McCoy, 2018; Thøgersen & Noblet, 2012）。环保行为负向溢出解释机制中的道德许可效应往往指涉道德积分效应。此外也有学者指出，过往环保行为在引发道德积分效应时，除了提高个体的道德形象感，也可能同时降低了个体对自己以往环境破坏行为的愧疚感（guilt feelings），这两类因素共同引致负向溢出效应（Lacasse, 2016; Truelove et al., 2016）。目前，仅有少量研究对道德形象感与愧疚感的解释效力进行了中介效应检验。从这些研究提供的经验证据上看，道德形象感对负向溢出的中介作用尚未得到正式确证。例如，Truelove 等（2016）的实验室实验表明，被试在参与废物回收行为后，其道德形象感并不会得到提升，因此在该实验中并不存在道德许可效应。类似地，Carrico 等（2018）的田野实验结果也不支持道德许可假设。相反，愧疚感对负向溢出的解释效力得到了一些研究的支持。例如在 Lacasse（2016）的实验室实验中，干预组被试要求回忆自己过往的环保经历。中

---

① 个体的道德自我形象或自我认同感包含如诚实、同情、勤奋等多类不同的特征。因此，个体的道德自我是一个由各类道德特征整合而成的整体性概念，而某类特征的不完整导致的整体性道德自我受损可以通过强化另一个特征予以补偿。例如不诚信致使道德自我受损可以通过实施不同领域的道德行为（即道德洁净效应）、自我惩罚、甚至物理洁净等间接、象征性的补偿方式予以实现（Zhong & Liljenquist, 2006; Zhong et al., 2009）。类似地，初始道德行为强化某一道德特征后导致整体性道德自我水平会高于理想自我水平，而这一差距也能通过个体在不同特征上的不道德行为予以抵消（即道德许可效应）。

介效应分析表明，相比于执行中性任务的对照组而言，干预组被试的环保身份认同与愧疚感均得到显著提升。进一步地，前者激活正向溢出路径，后者则引发负向溢出路径。两条路径相互抵消，这导致行为溢出的总效应并不明显。

四、单效偏见效应

单效偏见也常被研究者用于解释环保行为的负向溢出（Carrico et al., 2018; Truelove et al., 2014; Truelove et al., 2016; Wagner, 2011）。单效偏见最早由 Weber（1997）提出。该效应指出，个体的初始环保行为可能会降低人们对于环境问题的风险感知，以及对于环境保护的重要性感知，使他们认为并不需要其他解决环境问题的手段或行为。同时，个体往往具有自利偏见（self-serving bias），倾向于夸大自己过往环保行为的实际贡献（Lauren et al., 2019; Thøgersen & Crompton, 2009）。这种"盲目的自信"会弱化个体的环保关注度及其对后续环保行为的必要性感知，导致个体只选择参与少数几类环保行为，而不再参与额外的行为（Weber, 1997）。Weber（1997）对美国农民样本的研究发现，当农民被要求参与多类旨在减缓气候变化的环保行为时，他们的各类行为水平之间呈现负相关关系。同时，私人环保行为与政策支持度之间也呈负向关联。这些证据为单效偏见假设提供了一定程度的支持。尽管如此，目前对这一机制的检验还很少。就现有的研究来看，证实或证伪单效偏见假设的证据同时存在。例如，Truelove 等（2016）的实验室实验并未发现被试在参与初始环保行为（废物回收）后其环保风险感知会得到强化，因此实验证据不支持单效偏见的存在。然而，Werfel（2017）的调查实验结果能够支持这一理论假设。在他的调查实验中，当日本居民回忆自己曾参与过家庭节电运动后，其对于政府环保政策的必要性感知显著降低，进而更不愿意支持政府的碳税政策。

尽管上述四类机制是当前学界解释环保行为溢出效应的常用机制，但对于它们的直接检验仍然较少，且从现有的实证结果上看，它们均未能得到充分的经验支持。此外，新近研究也发现如自我效能感（Lauren et al., 2016; Steinhorst et al., 2015）、生态规范感（Steinhorst & Matthies, 2016）等因素也能在一定程度上解释行为溢出发生的原因。也有一些学者提出"干中学"（action-based learning）机制也可能是行为正向溢出发生的原因（Nilsson et al., 2017; Thøgersen & Noblet, 2012），但目前暂无经验证据支持这些学习理论对行为溢出的解释效力。

第三节　行为溢出的影响因素研究

晚近的研究逐渐意识到，行为溢出的发生可能依赖于特定的条件，不同的内、外部因素会激活（或抑制）不同的溢出路径，进而导致差异化的溢出形态（Dolan & Galizzi, 2015; Truelove et al., 2014）。然而，目前仍然缺乏对于这些影响因素的系统性分析，现有研究主要关注初始行为干预模式对行为溢出的影响，对个体特征、行为属性、社会情境等方面因素的考察不足（凌卯亮和徐林，2021）。

一、行为干预策略

现有研究主要区分了环保信息宣传与经济激励两类政策干预框架对行为溢出具体形态的影响。个体践行亲环境行为的原因众多，既可能出于环保动机（如进行垃圾分类减少环境污染），也可能出自私益考量（如参与节能行为能够节省家庭用电开支）。框架通过向受众展现、强调某一特定的行为动机以鼓励受众参与目标行为（Steinhorst et al., 2015）。例如，环保框架通过强调目标行为的环保价值进而促进受众的行为改善，金钱框架则通过强调目标行为的经济价值以诱导个体的行为改变。通过激活不同的行为动机，框架策略能使相应信念具有更强的显著性与认知可及性（Chong & Druckman, 2007），进而影响非目标行为。研究初步表明，强调环保行为公益属性的策略更有可能激活正向溢出路径，继而促使环保主义在其他行为上的泛化（Evans et al., 2013; Steinhorst et al., 2015; Steinhorst & Matthies, 2016; Truelove et al., 2014）。例如，基于 Schwartz（1992）的社会价值理论（social values theory），Evans 等（2013）认为，当接受某类行为环保价值的信息时，个体的自我超越型价值感知（self-transcending values）会被激活，因此环保目标的认知可及性更高，此时他们更倾向于践行其他能够实现环保价值的行为，故行为正向溢出更容易发生。相反，以个体经济理性为落脚点的经济诱导型策略更易激活个体的自利型价值感知（self-interested values），此时，行为能否带来私利将成为个体决策的重要依据，利己目标更易被激活，因此他们可能不再愿意参与其他无法带来私利的环保行为，而正向溢出效应则很难发生（Evans et al., 2013）。

除了价值或目标激活机制以外，目标行为的环保策略也有助于强化受众的环保自我认同。当外部干预强调目标行为的环保属性时，个体更易展开内部归因（internal attribution），即更有可能意识到自己是出于关心环境的内在动机而参与初始行为（Truelove et al., 2014; van der Werff & Steg, 2018）。此时初始行为对于环保自我认同的诊断性（diagnosticiy）较高，即个体更易从初始环保实践中推断出自己是爱护环境的人（Thøgersen & Crompton, 2009），因此他们的环保自我认同将得到显著增强，参与后续环保行为的意愿也会提高。相反，金钱框架等外部激励策略更易强化居民对初始环保行为的外部归因（external attribution），使他们更相信从事环境保护并非源于自己坚定的环保主义信念，因此经济策略诱导的初始环保实践不会强化个体的环保身份认同，也不会促使正向溢出的发生（Thomas et al., 2016）。例如，自我感知理论认为，尽管过往行为对自我认同与自我概念具有信号作用，但这一作用只会发生在"如果过往行为出于自由选择而非外部强化力量的控制"（Bem, 1967）。同时，由于经济策略下个体能够将初始环保实践归因于外部激励，因此后续参与非环保行为不会引发认知失调，因为认知失调在行为不一致能够归因于外部因素时不会发生（Thøgersen, 2004）。此外，也有研究结合动机挤出理论，认为外部激励策略也可能进一步削弱个体的环保认同，降低个体自愿从事其他无法获得私利的环保行为的内在意愿，进而导致负向溢出（Truelove et al., 2014）。

部分学者对这两类行为干预策略的溢出效应进行了检视。例如，Evans等（2013）通过实验室实验检验了多类信息策略可能存在的溢出效应。在他们的研究中，参与者被分配到三组实验组和一组对照组。实验组的被试分别接受有关拼车行为的环保价值、经济价值的信息，另一实验组被试同时接受两类信息，而对照组的成员则接受与实验目的无关的信息。随后，实验员要求所有被试丢弃具有回收价值的废弃纸张。结果表明，相较于对照组，仅接受拼车行为环保信息的被试更乐于回收废弃纸张，而接受经济价值或混合信息的被试在回收行为上与对照组无明显差异。这些结果表明，环保框架的确有助于催化正向溢出，而经济激励策略则会抑制正向溢出的发生。类似证据也体现在其他研究中（Clot et al., 2013; Cornelissen et al., 2008; Geng et al., 2019; Steinhorst et al., 2015; Steinhorst & Matthies, 2016; Thomas et al., 2016）。此外，van der Werff 和 Steg（2018）针对实验室实验数据的中介效应分析表明，尽管环保框架无法促进正向溢出产生，但经济激励策略的确弱化了被试的环保身份认同，进而导致环保行为之间负向溢出的产生。然而，Lanzini 和 Thøgersen（2014）针对丹麦大学生的田野实验却显示，给予节能商品溢价补偿的激励策略不会诱发负向溢出，反而促生了正向溢出。或许是因为这类溢价补偿的激励并没有给予被试额外的奖励，事实上是对被试参与环保行为（购买绿色产品）的认可，继而激活了个体的环保目标或促使他们展开内部归因（Peters et al., 2018）。这也意味着并不是所有的激励策略均无法促生正向溢出，关键在于受众如何理解外部激励所传递的"信号"。

二、环保行为属性

一些研究也提出，环保行为本身的属性可能会影响行为溢出的具体形态（Truelove et al., 2014）。研究者主要关注行为难易程度与行为相似性这两类行为属性的潜在影响，然而目前相关检验仍然较少。

（一）初始行为难度

自我感知理论强调过往行为对个体自我形象感知具有信号功能，即个体能从过往行为中推断"我是谁"，以了解自身偏好与态度，进而做出当前的行为决策（Bem, 1967）。研究者进一步认为，初始行为的难度将影响行为的这一信号功能，初始行为难度越大，帮助个体诊断"我是谁"的价值也越高（Bénabou & Tirole, 2004）。例如，Freedman 与 Fraser（1966）的"登门槛"研究发现，相比于询问户主是否愿意在未来回答调查问卷题目（低成本），请求户主即时作答（高成本）能够显著提高户主积极响应后续请求的可能。对于"登门槛"研究的元分析也发现，初始任务的难度与后续任务的服从率之间呈显著正相关（Burger, 1999）。另外，针对认知失调的研究也发现，初始行为的成本越高，个体为避免认知失调维护前后行为一致的意愿越强（Gneezy et al., 2012）。因此，Gneezy 等（2012）假设，当初始亲社会行为的难度越大、个体为之付出的努力越多时，个体越可能从该行为推断出自己是一类利他的人，"否则为什么我会花大力气做这件事呢？"此时，过往行为将强化个体的利他认同感（prosocial identity），进而激发个体行为一致性的动机，促使他们参与其他道德行为。他们的实验室实验与田野实验也支持了这一假设（Gneezy et al., 2012）。类似地，van der

Werff 等（2014a）的系列实验研究也表明，当初始环保行为难度越大、普遍性越低、或过往参与环保行为的种类越丰富时，初始行为的诊断性越高，对于环保认同的积极作用越强，激发正向溢出的可能性越大。相反，当初始行为难度较低时，该行为对主体诊断自我的价值越低，此时道德许可等负向溢出越有可能发生（Gneezy et al., 2012）。Gneezy 等（2012）进一步认为，过往道德许可研究中被试践行的初始行为往往难度较低，如想象自己已经做了道德行为（Khan & Dhar, 2006）、仅仅表达支持而未践行实际的行为（Effron et al., 2009）、或实验员给予被试金钱确保其实施道德行为（Mazar & Zhong, 2010），对于被试而言这些行为的成本都较低，因此他们后续展现许可效应的可能性也越大。

（二）后续行为难度

当后续环保行为难度越高时，正向溢出发生的可能性越小（Thøgersen & Crompton, 2009; Truelove et al., 2014）。一方面，当面对高难度的环保行为时，个体的私益目标更可能被激活（Steg et al., 2014），进而抑制了正向溢出发生的可能（Truelove et al., 2014）；另一方面，后续行为难度越大，个体更容易以之前行为作为不参与后续行为的借口，故负向溢出越容易发生（Thøgersen & Crompton, 2009）。例如，Lanzini 与 Thøgersen（2014）的实验结果就表明绿色购买行为仅对后续低成本的环保行为具有正向溢出效应。相反，Lauren 等（2016）的研究却发现，当居民实施了简单的节水行为后，他们参与其他高难度节水行为的意愿也会更强。基于学习理论，作者认为，个体自我效能感的提升是导致这一正向溢出发生的关键。参与简单易行的环保行为可能使得个体感到他们已经获取了同样适用于其他难度更高行为的知识、技能，并提高了个体的自我效能感。这一方面降低了个体对参与环保行为的难度感知，进而提高参与后续高难度行为的信心；另一方面也可能激发了个体想要获取新技能、主动寻求更大挑战的意愿。同时，增强的自我效能感也可能进一步提高个体的目标承诺感与积极情绪。这些机制均有助于促生正向溢出。然而，作者也强调这一类正向溢出发生的前提是个体需将以往成功的行为归因于稳定的内在原因（如自己的能力）而非不稳定的外在原因（如运气或外在激励）。因此，对初始行为的内部归因会促生自我效能感这一正向溢出机制，而将初始行为进行外部归因则会抑制这一机制的发生。此外，需要注意的是，个体对行为难度的主观感知可能因人而异，受到经济、社会、技术等不同情境因素的制约（Steg et al.，2014），因此行为难度对溢出具体形态的影响也可能受到其他因素的调节，但目前尚无研究对此做出进一步探讨。

（三）前后行为相似性

行为相似性对溢出效应的影响效果目前并无定论。个体对各类行为之间相似度的主观感知往往受到内、外在因素的多重影响，因此具有较高的异质性。研究一般认为，属于同一领域的环保行为之间相似性更强，而不同领域的环保行为因其所实现的目标不同而具有较大的差异性，如垃圾分类与回收行为因旨在实现资源循环利用而类似，而节约用电、绿色出行等节能减排行为之间的相似度更高（Truelove et al.，2014）。同时，人们对于行为相似性的理解与判定标准也会不一样。具备较高水平环保知识或环境关心度的个体越可能将多种环保行为视为相似行为。Gatersleben 等（2002）进一步认为，居民对于相似性程度较高的行为的执行程度往往相似。

一方面，一些学者强调相似行为间更易发生正向溢出。如 Thøgersen（2004）认为，当两类环保行为服务于同一总目标时，感知的行为相似度越高，就越能体会到行为的不一致，规避认知失调的意图越能驱使行为一致产生。但 Thøgersen（2004）也强调，如果行为不一致能够归因于外部因素而非自由选择的结果，认知失调越不可能发生。因此，感知的失调程度不仅取决于行为相似性，也取决于人们能够对行为不一致进行外部归因的程度。此外，相似行为之间的不一致虽然会引发认知失调造成的心理不适，但个体最终体验到的失调程度却因人而异。这一失调感知度取决于自我概念的关键要素（如自我效能感、道德感）受到行为不一致的威胁程度。当个体越珍视这些要素，行为不一致引发的失调感知就越大，带来的威胁就越强，个体越希望展现行为一致。此外，Margetts 与 Kashima（2017）认为，当前后行为依赖的资源相同时，个体对行为之间相似度的感知也越高。此时个体可能将前后行为视为消费同一类资源以实现环保目标的互补方式。进一步地，当个体在前后决策中均面临目标与资源之间的权衡时，他们更可能采取一致性策略，即不断消耗资源，以获得连续决策过程中目标实现带来的"巅峰体验"（peak experience）（Dhar & Simonson, 1999）。

另一方面，相似行为间的负向溢出也更有可能发生。如单效偏见指出，当个体参与解决同类环境问题的多类行为时，其响应行为之间存在负向关联（Weber, 1997, 2006）。此外，Chatelain 等（2018）结合行为经济学的心理账户理论与道德积分效应认为，人们往往将其环保行为分门别类记入不同账户，如旅游行为与食品购买行为，度假行为与家庭环保行为。这一环保行为的心理记账机制意味着，被记入同一账户的相似的环保行为之间具有道德上的可替代性，而记入不同账户的环保行为之间则不存在这一可替代性。相似行为（即归于同一心理账户的行为）之间的道德可替代性较强，更易发生道德许可，而不相似行为归于不同心理账户，它们之间的道德可替代性较弱，更不易发生道德许可。

从目前为数不多的经验证据上看，行为相似性对于正向溢出与负向溢出的强化作用均被发现（Chatelain et al., 2018; Margetts & Kashima, 2017; Thøgersen, 2004）。此外也有学者提出，行为相似性可能不是影响行为溢出具体形态而是调节行为溢出效应强度的关键因素（Truelove et al., 2014）。

三、个体特征

与行为特质类似，溢出效应文献对决策主体异质性的考量也相对缺乏。Truelove 等（2014）在理论层面论述了个体的一般决策模式（decision mode）与行为溢出发生可能及具体形态的潜在关联。他们认为，行为决策模式包括核算模式（calculation-based mode）、情感模式（affect-based mode）和角色模式（role-based mode）三种类型，个体以不同的模式进行行为决策就会导致其对各类认知因素的重要性有着不同的心理感知，进而导致不同的后续行为倾向，最终产生相应的溢出效应。总体来看，基于核算模式的个体多倾向于对行为成本及自身资源的掌控程度进行评估，并将其作为行动的重要依据，从某种程度上说是一种理性决策模式。换言之，当初始环保行为提高了个体的相对收益后，居民可能会在其他领域消费这部分"额外所得"，从而引发政策的反弹效应。基于情感模式的个体更看重初始行为对自身道德价值、愧疚感或自我效能的实现，并相信自己做了"力所能及之事"，削弱了其后续环保行为的倾向，并触发了单效偏见和道德许可效应。与前两者不同，基于角色模式的主体一般会依据自身的角色认知而做出相应的行为选择，并且这一身份认同感又会伴随着初始行动而不断强化，促使主体在其他领域践行环保主义行为，从而达到行为的一致性，进而激发正向溢出效应（Truelove et al., 2014; 凌卯亮和徐林，2021；徐林和凌卯亮，2017）。

少量实证研究检验了价值、态度、规范感等环保动机因素对于行为溢出的影响，但所得结论却莫衷一是。例如，Thøgersen 与 Ölander（2003）基于对丹麦消费者进行了三年的多轮调查数据发现，具有较高环保值与规范感知的居民会同时展现出更为明显的正向与负向行为溢出，但由于该研究仍是相关关系研究，故结论可信度值得商榷。Steinhorst 与 Matthies（2016）基于德国能源消费者的线上实验数据发现，当受到环保信息宣传干预后，具有较高生态规范感知的个体更易展现正向溢出。Brugger 与 Hochli（2019）基于欧洲与美国网络用户的两个线上实验表明，当回忆过往环保行为后，低环保态度的被试更易展现道德许可，而高环保态度的被试则不会展现行为溢出。相反，Gholamzadehmir 等（2019）基于英国某大学在校生的调查实验却表明，当回忆过往环保行为后，高环保态度的个体更易展现道德许可，而低环保态度的被试则不受影响。另外，Clot 等（2016）基于法国某大学硕士生的实验显示，当被试想象自己自愿参与了初始环保行为后，具有较弱环保认同的商学院学生更易产生道德许可。然而 Eby 等（2019）发现环保认同并不对"标签"技术操纵下被试的溢出效应产生影响。此外，Lacasse（2015）、Truelove 等（2016）的实验表明，具有低环保承诺的共和党被试更易展现行为间的正向溢出，而具有高环保承诺的民主党被试则会展现许可效应。

第四节　行为溢出的检验方法

一、非实验研究

在行为溢出的检验上，既往的实证研究多依赖传统统计学路径，即通过常规调查法收集自然状态下居民样本的自我测评或实际行为数据，并对行为间的相关关系展开分析（Galizzi & Whitmarsh, 2019）。例如，Thøgersen 与 Ölander（2003）基于对丹麦消费者为期三年的大规模问卷调查数据，运用马尔科夫链与结构方程模型等检验方法发现，居民在绿色消费、日常出行和垃圾分类领域中的行为表现有着显著的相关性，进而揭示了不同行为之间的溢出效应。又如，Thøgersen 与 Noblet（2012）运用美国缅因州抽样居民的问卷数据，检视了个体绿色消费行为与风力发电政策支持度之间的相关关系。为提高研究结论的内部效度（即研究结论能否准确辨识行为之间的因果关系），他们控制了"环境关心度"这一关键的第三方因素。实证结果表明两类行为之间存在显著的正向关联。尽管如此，正如学界所共识的，相关关系研究由于干扰因素较多而无法有效解决遗漏变量问题，因此研究的内部效度较低，不能为行为间的因果逻辑推断提供确凿的证据（罗俊等，2015）。

二、实验室实验研究

为提高研究的内部效度、准确把握行为之间的因果关系，近年来越来越多的研究采取实验法检验行为溢出效应。作为检验变量间因果关系的"黄金法则"，实验法的核心有两点：第一是设定对照组，人为构造"反事实"框架，反映当不存在干预时个体的行为状态。通过比较干预组与对照组的行为表征，以检验干预对于行为的影响。第二是随机分配，即通过将实验对象随机分入实验组和对照组的方式，实现各组在除干预操纵之外的其他因素上无显著差异，以解决传统计量方法难以回避的内生性问题，从而实现了因果关系的可信推论（罗俊等，2015）。目前行为溢出的实验研究以实验室实验（laboratory experiments）居多（Lanzini & Thøgersen, 2014）。例如，Truelove 等（2016）在其实验室研究中，将被试随机分配进入干预组与对照组：被试与实验员同时进入实验室，实验室正中央摆放了一张杂乱的桌子。对于干预组被试，实验员请求他们协助整理桌子，并让被试将桌上的废弃塑料瓶扔进走廊的回收垃圾桶中；对于对照组被试，实验员在整理桌子过程中不邀请被试帮忙。通过这样的方式完成对被试初始回收行为的操纵。随后测量所有被试对校园环保基金的支持度，检验塑料瓶回收行为对环保基金支持度的潜在溢出效应。尽管实验室实验是心理学界最常用的实验设计，并且因控制能力强而具有较高的内部效度，但这类方法牺牲了研究设计的外部效度：实验室的研究情境与被试群体的单一性（基本是在校大学生）使研究结论在现实世界中的推广价值容易受到质疑（Lanzini & Thøgersen, 2014）。

三、调查实验与田野实验研究

为实现研究内、外部效度上的"双赢"，近年来以现实世界作为研究情境的实验设计开始被研究者引入，但相关文献仍然屈指可数。相关研究大体可以分为两类：调查实验（survey experiments）与田野实验（field experiments）。两类方法均以普通居民作为研究被试，并通过人为干预操纵自变量（初始环保行为）、观察因变量（后续环保行为）的变化的方式来辨识行为之间的因果关系。两者的区别在于，调查实验的实验干预手段的"田野化"（fieldness），即逼近现实世界的程度要低于田野实验（Hansen & Tummers, 2020）。具体而言，行为溢出的调查实验研究往往借助网络在线平台招募和随机分配网络用户（online clients），并通过电子问卷收集个体的行为数据。这类研究往往将干预操纵内嵌于调查问卷中予以实现。一类典型的做法是请干预组被试回答过往参与环保行为的程度，以帮助他们回忆自己的环保经历（Lacasse, 2015; Werfel, 2017）。然而，这类操纵方式的效果一方面可能受到问卷文本即时刺激的影响（任莉颖，2018），另一方面操纵手段与真实世界的行为刺激（如政策干预）仍具有差距。同时，使用在线用户而非普通居民作为研究被试也削弱了过往调查实验的外部效度。

田野实验研究则旨在捕捉个体在实际参与环保行为过程中所展现的行为溢出。相比于调查实验，田野实验的干预手段更加逼近现实。由于居民事先已居住在固定的社区，难以被重新组织，一些研究通过招募和随机分配线上用户的方式展开田野实验。这类研究的干预手段往往通过在线方式完成，如向被试发送电子邮件来宣传节能行为的环保或经济价值（Steinhorst et al., 2015; Steinhorst & Matthies, 2016)。然而由于无法确定被试是否真的仔细阅读了宣传信息并据此展开初始行为，因此信息宣传的干预效果无法得到有效保障；同时类似于行为溢出的调查实验，这类研究的样本往往是网络用户，故仍具有一定的局限。另一类研究则采取准实验（quasi-experiment）的思路，保持既有的组织结构和生态情境，将居民按照所属的群体（如社区）进行分配并入户干预，以得到现实化程度更高的研究发现（Tiefenbeck et al., 2013）。然而，由于田野准实验中各组因未实现完全随机处理可能存在初始差异（干预组与对照组可能在除干预以外的其他特征上不完全等同），这限制了因果推论的可信度（苗青，2007）。准实验设计因此需要控制行为的初始水平等关键"第三方"因素、或进一步采用倾向值匹配方法以修正这一"非等同对照组设计"带来的潜在偏误（Agrawal et al., 2015）。

第五节　简要述评

综上，既往研究围绕居民环保行为的溢出效应开展了大量实证检验，积累了丰富的经验素材。然而，综合来看现有研究在下述方面值得进一步深化和整合：

首先，在行为溢出的内在机理上，现有研究基于不同的行为理论视角，分别论述了行为的正、负向溢出的多种可能路径，但各理论解释之间往往相互割裂，研究呈现高度的碎片化，相关论述也充斥着"非此即彼"的逻辑。例如，目标激活理论与单效偏见假说均以环保目标的重要性感知作为解释溢出效应的核心中介变量，但前者假设过往环保经历能够进一步激活个体的环境目标感知，从而激发正向溢出；后者则认为初始环保行为对目标重要性感知具有负面影响，进而引发负向溢出（Carrico et al., 2018）。类似地，"行为一致"与"道德许可"均强调初始行为对自我形象感的强化作用是解释行为关联的关键机制（Mullen & Monin, 2016），但两类理论关于自我形象感与后续行为之间关系的预设却截然相反。更重要的是，行为溢出的本质究竟为何？为什么个体既会维护行为的一致（正向溢出），也会产生行为间的偏离（负向溢出）？这些基础问题目前仍未得到有效解答，亟须进一步探索研究（Truelove et al., 2014, 2016）。

其次，目前学界缺乏对行为溢出影响因素的系统性检视。尽管晚近研究逐渐发现不同条件下行为溢出的发生路径和效应形态会呈现显著差异，但在具体影响因素的识别上，现有文献主要围绕干预政策的框架效果展开讨论，对其他潜在因素的考察仍然不足。一方面，既有研究往往遵循个人主义的方法论，将决策者视为相互独立、原子化的个体，行动者所嵌入的社会情境如何形塑个体行为溢出的具体形态，仍然有待深入研究；另一方面，个体决策过程可能因人而异、因事而异，故决策主、客体本身的异质性也可能对行为溢出产生影响（Truelove et al., 2014; 徐林和凌卯亮，2017），然而既有研究对它们的考察仍然较少。对于这些因素的忽视，不仅不利于一般性分析框架的构建，也可能导致实证结论以偏概全，无法为决策者提供准确有效的政策支持。

最后，行为溢出的研究方法亟待改进。目前行为溢出的绝大多数实证研究往往依赖非实验的自然数据，采用传统统计学路径分析行为间的相关关系，故相关结论因潜在的内生性偏误而无法为行为间的因果推断提供确凿的经验证据（罗俊等，2015）。尽管近年来研究方法逐步走向了因果辨识能力更强的实验方法，但基本为实验室实验，人为的实验室情境和单一的被试群体（基本为在校大学生）降低了研究的外部效度，故相关结论不具有较高的代表性，无法较好地贴近真实世界（罗俊等，2015）。目前基于社区普通居民的实验类研究仍然屈指可数。

上述问题共同导致了当前溢出研究在实证结果、学术论点和政策取向上未能趋同。对此，本研究展开理论与实验研究，旨在探索行为溢出的内在机理与影响因素。具体而言，研究首先挖掘个体在连续决策过程中的"自我推断"机制，深入揭示行为溢出的内在机理，并检视各方因素对"自我推断"机制的潜在作用，进而系统识别行为溢出的影响因素；然后综合运用针对社区居民的调查实验与田野准实验设计，对理论模型展开细致检验。通过这些努力，研究意图回应行为溢出"为何发生"与"何时发生"这两类基本问题。

第三章

行为溢出的理论研究：
"自我推断"模型

　　本章将在目标理论（goal theories）的基础上，结合心理学与行为经济学的多类理论思想，对环保行为溢出效应的内在机理与影响因素这两个相互关联的基本问题展开理论分析，用于指导后续实验研究的开展。

　　本书提出，所谓行为溢出，其实质是指不具备偏好"完美回忆"能力的有限理性个体在追求多重目标的连续决策过程中，借助过往行为进行内在偏好自我推断（self-inference）所引发的行为前后一致（正向溢出）或偏离（负向溢出）现象。对于居民环保行为，"自我推断"模型的核心机制有二：其一，个体对环保目标的承诺；其二，个体对自我环保身份的承诺。过往环保经历对两类承诺感的强化将促使前后行为一致（正向溢出），对它们的弱化则引致行为偏离（负向溢出）。由此，自我推断模型将正、负两类溢出效应纳入了统一的解释框架，并弥合了现有四类理论之间的矛盾，进而揭示了行为溢出发生的深层次机理。

　　"自我推断"模型进一步指出，行为溢出的具体形态取决于个体审视过往行为时所采取的具体视角。当个体以目标承诺视角审视过往环保行为、并以此推断环保目标本身的价值时，初始环保行为将增强个体对环保目标与自我环保身份的承诺感，进而促生正向溢出；当个体以目标进展视角审视过往环保行为并从中推断环保目标实现的程度时，初始行为则会削弱两类承诺感，从而引致负向溢出。然而，个体是否及采用何种视角展开"自我推断"将受到个体价值观念、行为难易特征、行为干预政策及社区环保规范的影响。由此，研究识别了调节行为溢出形态的主要因素，构建了行为溢出的系统性分析框架。

本章第一节将对行为溢出的内在机理展开理论分析,重点阐释"自我推断"模型;第二节进一步探讨行为溢出的潜在影响因素,系统分析个体、行为及情境因素对"自我推断"过程的调节作用;第三节提出本书的关键研究假设,并简要介绍后续实验研究安排;第四节对本章的主要贡献进行总结。

第一节　行为溢出内在机理的理论分析

依循各自的理论逻辑,针对行为溢出的四类解释机制(目标激活、行为一致、道德许可、单效偏见)分别阐述了正向或负向溢出效应的发生机理。尽管均能"自圆其说",但这些碎片化的理论机制存在着不容忽视的矛盾(参见第二章第五节)。更重要地,现有理论均未深刻诠释行为溢出发生的本质,以及为何个体时而追求前后行为的一致、时而展现行为之间的偏离这一关键问题。因此,在这些碎片化理论解释机制的背后可能仍然存在一个值得深入挖掘的元模型,它应当能够揭示行为溢出现象发生的本质,并弥合现有理论之间的分歧与矛盾。本节试图构建这一模型——自我推断。

一、追求多重目标的个体

目标(goals)是影响个体行为决策的关键动机因素(motivations)。心理学将目标定义为:个体在具体情境中对意图实现的目的或状态的认知表征(Fishbach & Ferguson, 2007b)。目标由两类核心要素组成。第一,目标包含个体意欲获得的目的(desirable ends)。目的既可以指涉抽象化的概念,如健康或环保,也可以指代具体的事物,如品尝一杯咖啡。目的本身不等同于目标,只有当特定目的具备吸引人的积极属性时,目的才能成为具有行为驱动力的目标。例如,环境保护这一目的只有与改善环境、提高生活质量或符合社会规范等积极意义相联系时，才能成为驱动个体参与环保行为的目标。第二，目标包含能够实现目的的方式（means）。目的与方式之间按照层级结构相互勾连，且两者之间可以转换：低层级、具体的目的是实现高层次、抽象的目的的手段。类似地，总目标（superordinate goal）往往可以"拆解"成若干"子目标"（sub-goals），子目标是实现总目标的方式。一般而言，一个目标往往可以通过多种方式实现，如参与环境保护的途径包括垃圾分类、节能减排等各类环保行为。

在日常生活中，个体往往有意识或无意识地追求多重目标（Fishbach & Ferguson, 2007b; Steg et al., 2014）。一方面，人们会同时追求健康、财富、环保等多类目标；另一方面，受到具体情境因素的"激活"，一些之前尚未察觉的目标也会出现在个体的意识中，并影响其行为决策（Köpetz et al., 2011）。例如，意欲购车的消费者在前往 4S 店的途中目睹了一起交通事故，由此在买车时非常重视之前不在意的安全目标。因此，追求多重目标不仅是个体的内在倾向，也是对现实情境的即时反应（Köpetz et al., 2011）。更重要地，个体追求的多目标之间可能并不兼容，甚至相互对立（Fishbach & Ferguson, 2007b）。例如，健身爱好者既想获得完美的身材（形体目标），又想获取垃圾食品带来的味觉享受（享乐目标）；学生既想认真学习（学习目标），也想参加社团活动（社交目标）。因此，对多重目标的追求是个体行为的典型模式（Dolan & Galizzi, 2015），而目标冲突（goal conflict）则是刻画这一模式的重要特征（Fishbach & Dhar, 2007; Fishbach & Ferguson, 2007b; Köpetz et al., 2011）。

在环境保护领域，收益目标（gain goals）、规范目标（normative goals）及享乐目标（hedonic goals）是影响个体参与环保行为的主要目标动机（Lindenberg & Steg, 2007; Steg et al., 2014; Steg & Vlek, 2009）。其中，收益目标体现了居民对个体私人资源或利益（如金钱、地位等）的追求。这一目标反映了行为成本与收益的权衡动机（cost-benefit weighting motivations）对个体环保行为决策的重要影响。基于经典的"理性人"假设，大量研究假设环保行为是个体在权衡多方面成本（如金钱、精力、可能的社会舆论压力等）与私人收益（如潜在的报酬或良好的社会形象）后的决策结果。例如，计划行为理论这一经典行为理论就是聚焦收益目标的典型代表（Ajzen, 1991; Steg & Vlek, 2009）。该理论认为态度（对行为收益与效能的评价）、主观规范（对重要参照群体所施加的"社会压力"的具体感知和遵从意愿）、知觉行为控制（对实施特定行为的执行便利性与对行为阻碍的控制信念）能够积极作用于行动意愿与实际行为（Ajzen, 1991）。计划行为理论已经被国内外学者普遍用于分析各类环保行为的影响因素（Chen & Tung, 2010; Chu & Chiu, 2003; Kirakozian, 2016; Steg & Vlek, 2009; Xu et al., 2017）。例如，徐林等（2017）基于我国某市7个社区的大样本居民调查数据，确证了该理论模型对于垃圾分类行为的良好解释力。因此，计划行为理论的广泛运用与较强的解释效力支持了收益目标动机对居民环保行为的基本影响。

规范目标则强调个体对道德规范、社群集体利益的追求。这一目标体现了个体从事环保行为时所遵循的道德与规范动机（moral and normative motivations）。尽管理性选择模型是解释个体行为的基础理论之一，但"理性人"假定无法彻底解释现实生活中的种种道德与利他行为（Ostrom, 1998, 2000a）。作为一类典型的利他行为，环保行为不仅受到利己动机的左右，也受到个体利他本质的驱动（Xu et al., 2018a）。基于"社会人"（social beings）视角，学者致力于探讨各类道德与规范动机如何影响居民环保行为。例如，大量研究应用规范激活模型（norm activation model）（Schwartz, 1977; Schwartz & Howard, 1981）或价值—信念—规范模型（value-belief-norm model）（Stern, 2000; Stern et al., 1999），发现如道德规范感知、生态规范感知、认同感、环境关心等规范目标动机对个体环保行为意愿或水平的正向影响（Poortinga et al., 2004; Steg & Vlek, 2009; Vining & Ebreo, 1992; 洪大用等，2014；洪大用和卢春天，2011）。部分学者也尝试将规范目标纳入计划行为理论，并发现这类动机提高了计划行为理论模型的解释力（Chu & Chiu, 2003; Xu et al., 2017）。因此，丰富的理论与经验证据支持了规范目标也是形塑个体环保行为的关键心理动机。

最后，享乐目标强调个体本能地追求身心上的享乐（避免劳累、追求愉悦的情感等）。尽管相对于前两类目标动机，享乐等情感动机受到研究者的关注较少，但相关研究的经验证据也支持这类动机对于个体环保行为的显著影响（Steg et al., 2012; Steg & Vlek, 2009）。

综上，针对环保行为具体目标动机的考察表明，个体既不是完全利己的"经济人"，也不是纯粹利他的"无私奉献者"，聚焦自利享乐的私益目标与遵循道德规范等公益目标是居民同时秉持的行为动机。更重要的是，大量环保行为需要个体投入较多时间与精力，但带来的私人回报非常有限（Steg et al., 2014）。因此，尽管参与环保行为有助于追求规范目标，但不利于个体实现自己的私益目标（De Groot & Steg, 2008, 2010; Steg et al., 2014; Steg et al., 2016）。由此，规范与私益目标之间的紧张冲突为环境保护等公共品供给过程中遭遇的"集体行动困境"提供了个体心理层面的微观解释。

面对相互冲突的两类目标，个体将如何展开决策？朴素的观点认为，个体具有"毕其功于一役"的天性，即通过搜寻、执行能够同时实现多类目标的手段（Köpetz et al., 2011）。尽管这类"多效性"（multifinality）策略已经深刻体现在既有学术思想与人类日常活动之中，[1] 然而该策略实现的可能性与目标之间的相似度呈现负相关，即当目标之间的相似度越小，能

---

[1]　例如，西蒙的有限理性理论认为个体在行为决策中受制于不完全信息的局限而寻求决策的"满意解"（Simon, 1947），这实际上体现了个体意图同时达成"合理"与"效率"的目标。又比如市面上流行的"多功能"产品正是针对消费者意图同时实现多类目标这一欲求而开发的。

够同时实现多类目标的"多效性"策略越少，且充分实现每类目标的可能性越低（Köpetz et al., 2011）。在这一情况下，个体继而转向追求最重要的目标，并抑制追求其他目标的动机（Fishbach & Dhar, 2007; Fishbach & Ferguson, 2007b）。如上文所述，环保行为涉及的两类目标往往互相冲突，同时实现私益与公益的目标的可能性较低。因此，目标权衡是个体进行环保行为决策的主要策略，而两类目标的相对强弱将决定个体自愿践行环保行为的内在倾向：相比较私益目标，规范目标的力量越强，个体参与环保行为的意愿越强（Lindenberg & Steg, 2007; Steg et al., 2014; Steg & Vlek, 2009）。

至此，本小节指出了个体在日常生活中的行为决策往往受到多重目标的影响，并在一般意义上阐释了规范目标与私益目标之间的强弱关系决定了个体参与环保行为的内在倾向。随之而来的问题是，哪些因素将塑造目标的力量？下文将对该问题展开理论分析，并首先关注单一决策情境中目标力量的影响因素。

二、有限理性的个体与目标的认知可及性

在"完全理性人"的假定下，个体能够实现对自身内在偏好的完美回忆（perfect recall）。在这一条件下，个体完全知晓他们意图追求的所有目标，以及各类目标对自身的重要性。此时，个体追求目标的动力等于从目标达成中获取的预期效用（Dolan & Galizzi, 2015），追求多重目标的过程也相应简化为个体对效用函数最大化问题的求解。在这一预设下，规范性决策理论（如多属性效用理论）往往认为人们依据各目标既有的重要性权重对所有目标展开整合，并形成单一效用函数，以此选择能够带来最大效用的策略（Fishbach & Dhar, 2007）。

尽管"理性人"假定下的目标模型简洁明了，却没能准确刻画"现实人"的目标追求过程。作为"有限理性"的个体，人们的行为模式往往系统

性地偏离了"理性人"的种种预设（Thaler & Sunstein, 2008）。例如，个体的心智或动机资源（如注意力、承诺、情绪、精力）是有限的。当面对多重目标尤其是目标之间存在竞争关系时，人们通常聚焦核心目标，并抑制对其他目标的关注。这表明当遭遇目标冲突时，个体往往难以对各类目标进行整合（Fishbach & Dhar, 2007）。更关键地，个体有限的认知能力导致人们通常难以实现对自身偏好的完美回忆。作为一类记忆构念，目标常常潜伏在人们的潜意识层面而难以被察觉（Simon, 1967），人们有时甚至完全没有意识到某些目标的存在（Dolan & Galizzi, 2015）。这意味着，在具体的情境中，人们可能并不确定各目标对自身的重要程度（Bénabou & Tirole, 2011），目标的力量也因此呈现一定程度的可锻性（malleability）。

心理学研究认为，目标从认知记忆中被检索到的难度，即目标的认知可及性（cognitive accessibility），决定了目标力量的强弱（Förster et al., 2005）。当个体面对具体决策时，越容易从脑海中浮现的目标对该决策的即时作用越强。相互竞争的目标在力量或认知可及性上此消彼长：在具体情境中，当某一类目标力量最强时，该目标将作为个体行动的"焦点"或"目标框架"（goal-frame），此时该目标对于个体认知与行为的影响最大，其他目标则退居幕后。可及性较高的目标通过增强个体对目标及其实现方式的注意力、积极评价与情感，进而提高个体从事与该目标相一致的行为（Fishbach & Dhar, 2007）。

然而，目标的认知可及性并不稳定。既有研究区分了价值观念与情境线索这两类影响目标认知可及性的主要因素。个体的基本价值观念反映了特定目标在自我概念中的中心度（goal centrality），决定了目标的长期可及性（chronic accessibility）（Verplanken & Holland, 2002）。例如，个体的自我超越型价值观念（self-transcendent values）越强，他们对规范目标的认知可及性普遍越高，参与环保行为的一般性倾向也越强（Steg et al., 2014）。

此外，个体所处情境中的刺激性线索也影响相关目标的即时可及性。一方面，情境线索可能会激活相关目标，将其从潜意识中唤醒，进而获得较高的认知可及性与行为影响力（Förster et al., 2005; Verplanken & Holland, 2002; Verplanken, Walker, Davis & Jurasek, 2008）；另一方面，情境线索也可能抑制相关目标的激活，甚至暂时"关闭"目标，使其处于"休眠"状态（Steg et al., 2014）。例如，对于社会规范（social norms）的研究发现，观察或被提示他人的环保行为有助于提高个体规范目标的认知可及性，进而提高人们参与环境保护的意愿（Abrahamse & Steg, 2013; Farrow et al., 2017; Keizer et al., 2013）。相反，当了解他人从事的环境危害行为或其他领域的规范违反行为时，个体的规范目标往往会被削弱，而自利目标的力量则会加强（Cialdini et al., 1991; Cialdini et al., 1990; Keizer et al., 2008）。

综上，作为有限理性的个体，人们无法对内在偏好展开完美回忆，并导致他们对其秉持的目标的重要性并不自明。目标的力量由人们对该目标的认知可及性决定，而目标可及性又受到个体价值观念与情境线索的共同影响。这反映了人们对目标偏好的理解是一个基于自身价值观念并结合情境线索展开推断的过程。这一推断的过程往往在无意识状况下发生，使个体往往难以察觉自身偏好感知的改变。事实上，行为决策研究的一大主要发现正是人们的自我陈述偏好（stated preferences）并不稳定，并随着情境因素的变化而发生改变（Fishbach & Dhar, 2007）。然而，本节的分析主要适用于单一决策情境中个体的目标追求行为。下面将进一步探讨连续决策过程中个体目标偏好的动态变化机制，以此揭示行为溢出的内在机理。

三、审视行为"信号"的两类视角

人们的日常生活充斥着大量决策，各类决策序贯展开，构成了微观个体的行为轨迹。不同于单一决策分析，行为溢出研究聚焦选择序列（choice sequence）中决策之间的自相关问题，而这正是以"目标自我调节"机制

（goal self-regulation mechanisms）为代表的新近目标研究所关注的重点议题（Eskreis-Winkler & Fishbach, 2018; Fishbach & Shaddy, 2016）。在这类理论中，个体对目标的追求被刻画为一个连续决策的过程：目标达成通常难以"一蹴而就"，需要个体不断实施目标一致行为方能实现（Fishbach et al., 2006; Fishbach et al., 2009）。例如，演员为了维持良好的身材，不仅需要参与健身活动，也需要在随后的晚餐中减少高热量食品的摄入；学生为了取得高分，除了在上课时认真听讲之外，也需要在课后积极复习。

既有单一决策研究将价值观与情境线索视为影响目标认知可及性（即目标力量）的主要因素（Steg et al., 2014; Verplanken & Holland, 2002）。然而在连续选择的过程中，过往行为亦是影响目标可及性的重要因素（Fishbach et al., 2009）。由于有限的认知能力及日常生活中情境线索的干扰，个体时常无法明确自己的内在偏好（Dolan & Galizzi, 2015）。在面对当前的决策时，人们经常反问自己："这件事情对我重要吗？"此时，过往行为成了个体推断自身目标偏好的重要途径（Koo & Fishbach, 2008）。这一论点深刻体现在多类心理学与行为经济学理论模型中。例如，作为社会心理学的经典理论之一，自我感知理论（self-perception theory）强调个体通过观察自己以往的行为以了解自身稳定的态度倾向，并以此更新自我感知（Bem, 1967）。这一自我观察法就像人们经常通过观察他人行为以了解别人的态度，同时也反映了人们喜欢对行为赋予意义的本性（Fishbach et al., 2009）。此外，如信念资产模型（beliefs as assets Model）（Bénabou & Tirole, 2011）、适应性全局效用模型（adaptive global utility model）（Bradford & Dolan, 2010; Dolan & Galizzi, 2015）也将行为视为影响信念动机的关键因素。因此，过往行为对个体诊断自身目标偏好具有重要的"信号"功能。

"目标自我调节"机制进一步区分了个体审视过往行为"信号"的两类视角：目标承诺与目标进展（Fishbach & Dhar, 2005; Fishbach et al., 2006;

Fishbach et al., 2011）。目标承诺（goal commitment）反映了个体认为一种目标重要且可达成预期高的感知，是一种对目标强度与重要性的推测，也体现了个体对特定目标实现状态的信奉与承诺；而目标进展（goal progress）则反映了个体对目标实现程度的审视，以及自己是否已经（部分）实现对目标的感知。人们既可以将已有的目标追求行为理解为表达自我目标承诺的载体，也可以将其视为自己取得了目标进展的证据，但"承诺"与"进展"信号的强弱关系因人而异，也受到情境因素的影响。① 更重要地，个体采用的两类视角将对其参与后续的目标追求行为产生截然相反的效果。

当个体采用目标承诺视角、将过往的目标追求行为解读为印证自我目标承诺的依据时，他们对该目标的重要性感知会增强，目标的认知可及性因此得到强化。此时，人们更倾向于从事其他的目标一致行为以继续追求该目标，进而促生目标的达成（Fishbach & Dhar, 2005; Fishbach et al., 2006）。此时，初始目标追求行为对后续目标一致行为具有正向溢出。既有心理学研究为目标承诺机制提供了坚实的理论支持。例如，前文提及的自我感知理论、认知失调理论及归因理论（attribution theory）与多类一致性理论（consistency theories）均认为，个体通过已有行为推断自身的稳定态度与偏好，并希望进一步做出一致的行为以支持这一偏好（Bem, 1967; Burger, 1999; Festinger, 1962; Freedman & Fraser, 1966; Gilbert & Malone, 1995; Jones & Harris, 1967; Mullen & Monin, 2016）。本质而言，这些理论均强调个体将既有的目标追求行为归因于自身的内在偏好，并将该目标视为组成自我概念的重要元素（Mullen & Monin, 2016; Susewind & Hoelzl, 2014）。此时个体对这一目标愈发重视，也更愿意实施其他能够实现该目标的行为。②

---

① 本章第二节将对该问题展开分析。
② 针对行为一致现象学者也提出了其他的解释，如一个重复、一致的选择模式往往也会给人带来熟悉、安全等积极的个人情绪（Fishbach & Dhar, 2007），或社会规范与压力促使个体展现前后一致的行为（Truelove et al., 2014）。

此外，大量经验素材也与目标承诺机制相互印证。如"登门槛"效应表明，初始较小的请求会提高人们回应后续更加困难的请求的意愿（Freedman & Fraser, 1966）；意愿—行为效应显示，参与行为意愿的调查能够提高人们尔后实施意愿一致的行为（Morwitz & Fitzsimons, 2004; Morwitz et al., 1993）；问题—行为效应表明回答假想的问题会帮助被试回忆之前没有关注的动机，进而提高后续动机一致行为（Fitzsimons & Williams, 2000; Moore et al., 2012; Morwitz & Fitzsimons, 2004）；理性跨界效应则发现参与市场情境实验的被试的经济理性目标会被激活，这使得被试在其他非市场情境中的行为变得更加自利（Cherry et al., 2003; Cherry & Shogren, 2007）。

当人们采用目标进展视角，将初始的目标追求行为理解为目标已经（部分）实现的信号时，他们往往不再关注初始目标，并转向追求其他目标，从而降低初始目标的承诺感与追求意愿（Fishbach & Dhar, 2005; Fishbach et al., 2006）。此时，初始行为对后续目标追求行为具有负向溢出。个体之所以采取这类目标平衡策略（goal balancing），是因为他们往往具有追求多重目标的动机，以及从已实现目标中获取的效用将呈现边际递减的规律。由于日常生活中人们往往追求多种相互冲突的目标，受制于有限的心智资源，个体首先致力于实现主要目标，并放弃与其具有竞争关系的其他目标。然而，当人们感到焦点目标已经部分或完全实现时，继续对焦点目标的投入反而会产生"餍足感"，因此个体转而追求其他被忽视的目标（Fishbach et al., 2009）。[①] 当个体面临互相不兼容的多类目标时，通过实施平衡策略及前后不一致的目标追求行为，从而在连续决策过程中实现多类目标，这本质是一种意图从目标集中获取最大化效用的适应性行为（Fishbach et al., 2006）。实验研究表明，焦点目标的激活会抑制被试对背景

---

① 除了对已完成目标的餍足促使个体采取平衡策略外，学者也提出了其他解释个体多样性偏好的假说，如减少对新目标的不确定风险、满足对刺激的内在需求、意图向他人展现独特而非保守无趣的形象等。相关综述详见 Fishbach 等（2011）的研究。

目标的关注；而当焦点目标实现后，被试对背景目标的注意力又会显著上升，焦点目标的认知可及性则自发衰弱（Fishbach & Dhar, 2007）。这说明，人们具有追求多样性目标（variety seeking）的天然倾向（Fishbach et al., 2006）。

目前，多领域的研究证据为个体的多样性偏好及"目标平衡"机制提供了支持。例如，自我完成理论（self-completion theory）强调，目标进展会促使个体感到自我完整，并导致他们放慢对该目标的追求（Wicklund & Gollwitzer, 1982）。类似地，控制论（cybernetic control）、反馈环（feedback loop）、自动控速（cruise control）等行为模型表明，当个体感到目标进展，尤其是进展超过预期时，个体倾向于对目标进取实施"控速"（Carver, 2003; Carver & Scheier, 1982, 1990, 1998）。各类选择研究（choice studies）通常也认为个体会选择集中采取平衡策略以追求效用最大化（Fishbach & Dhar, 2007）。更直接的证据来自 Fishbach 等对个体目标调节行为展开的研究。他们的系列实验表明，当个体未能从初始目标追求行为推断出自我目标承诺时，目标进展是个体审视既有行为的自发机制，此时他们参与后续目标一致行为的意愿更低（Fishbach & Dhar, 2005; Fishbach et al., 2006; Fishbach, Henderson et al., 2011; Fishbach & Shaddy, 2016; Fishbach et al., 2009）。此外，Dhar 和 Simonson（1999）针对消费者行为的实验也发现，人们在连续消费时往往采取平衡策略以实现多类活跃的目标（如健康饮食与享受美食），一味追求主要目标而忽视其他目标会给人带来不满足感，进而削弱从主要目标中获得的效用；有时人们还会夸大自己对单一目标餍足的速度，从而进一步加强了个体的多样性倾向（Fishbach et al., 2011）。

综上，行为一致与多样性寻求刻画了具有多重目标追求动机的个体在连续决策中遵循的两类基本行为模式，各自均拥有坚实的理论基础与丰富的经验支撑。目标自我调节理论进一步指出，个体采用何种视角对初始目标追求行为背后的意义展开诊断，决定了个体采用一致还是平衡策略展开后续行为决策（Geng et al., 2016; Susewind & Hoelzl, 2014）。而对环保目标的追求需要个体不断参与各类环保行为，也是一个连续决策的过程。人们可能采用自我观察法，通过检视自己过往的环保行为，以此推断自身内在的目标偏好。基于"目标自我调节"机制，在不同的视角下，既有环保行为会向个体展现两类不同的"信号"——目标承诺与目标进展。当个体将初始的环保行为诊断为体现自我目标承诺的证据时，他们倾向于将环保目标视为自己稳定的内在偏好，并提高对环境保护的承诺感，以及参与后续环保行为的意愿，故正向溢出得以发生。然而，当个体将初始的环保行为视为已经取得目标进展的依据时，受到多样性偏好的驱动，他们会采取目标平衡策略，降低对环保目标的承诺感知与进取意愿，转向追求对其他之前忽视的私益目标，此时出现负向溢出。

至此，以目标自我调节机制为核心的自我推断模型将正、负向行为溢出纳入了统一的解释框架，为回应为何个体环保行为之间时而一致、时而偏离这一基本问题提供了一个一般性的、元认知层面的（metacognitive）分析思路。接下来，下一小节将探讨自我推断模型中的两条核心路径，以及这一模型怎样弥合了四类行为溢出解释理论之间的矛盾。

四、"自我推断"的两类承诺

目标理论认为人们意图通过追求目标以实现令人合意的目的，但对目的本身并未予以细致阐释。一般而言，目的囊括了实质性目的（substantive ends）与自我象征性目的（self-symbol ends）。而目标既是"想要获取"的目标，也是"想要成为"的目标，即个体想要成为什么样的人。因此，目标又与"自我认同""理想自我"等概念紧密相关，并经常互用（Brugger & Hochli, 2019）。典型的例证来自研究者对捐赠行为的研究。如温情效应

（warm glow effect）（Andreoni, 1990）表明，人们实施捐赠行为不仅有助于实现救济他人、提高社会形象或社会地位、获得互惠利益等目的，也能够获得良好的自我感觉，即个体将自己视为一个有爱心之人。这一自我形象感（self-image）是驱使个体践行道德行为的一类关键动机（Sachdeva et al., 2009）。类似地，环保行为动机不仅来源于个体对环境质量的关心，也深受自我形象感的影响。例如，大量研究表明自我环保身份认同（environmental self-identity），即个体将自己视为爱护环境、愿意参与环境保护的人，对人们的环保行为意愿具有显著的积极影响（van der Werff et al., 2013a, 2013b, 2014b; Whitmarsh & O'Neill, 2010）。这类证据表明，主体不仅能从环境公共品供给中获取效用，也能从供给行为本身所折射的自我形象信号中收获间接效用（Bénabou & Tirole, 2011; Dolan & Galizzi, 2015; Mazar et al., 2008）。

由于有限理性个体对偏好无法展开完美回忆，个体对"我是谁"的回答同样需要展开推断（Bénabou & Tirole, 2011; Dolan & Galizzi, 2015）。在单一决策的情境中，如社群规范、人际影响等外部线索可能影响个体的自我形象判断（van der Werff et al., 2014a）。而在连续决策过程中，过往行为则是个体推断自我形象的重要依据。这一论点已在如自我感知理论、资产信念模型及适应性全局效用模型等心理学与行为经济学研究中得到了深刻的阐述。

目前对于自我形象与行为的互动关系研究主要来自道德行为领域，相关文献聚焦于对道德许可效应的分析（参见第二章第二节）。这一效应表明，初始的道德行为能够强化个体的道德自我形象或自我价值感知（moral self-worth），使个体更相信自己是有道德之人，并"许可"自己减少后续的道德行为甚至参与不道德行为，由此造成道德行为前后的偏离（Merritt et al., 2010; Mullen & Monin, 2016; Zhong et al., 2009）。道德性（morality）是组成人类自我概念的重要元素，而"成为一个有道德的人"也是人们普遍追求的目标（Jordan et al., 2011）。因此，目标自我调节机制同样适用于解释道德许可效应（Mullen & Monin, 2016; Susewind & Hoelzl, 2014）。具体而言，作为"有限的自利者"，个体同时追求利己与利他这一对相互矛盾的目标（蒙克、汪佩洁，2018）。受制于有限的心智资源，追求利他目标往往抑制了个体追求利己目标的进程。当践行了某类道德行为后，个体既可以从过往道德行为中推断出自己对"成为道德之人"目标的承诺，也可以推断出对该目标的进展。在目标承诺机制中，个体明确了"成为有道德之人"这一自我形象目标的重要性，因此，他们往往在后续的决策中更倾向于实施道德行为，以不断追求这一道德自我认同目标。然而在目标进展机制中，个体意识到"自己已经是有道德的人"，即道德形象目标已经完成，受到多样性偏好的驱使，他们更倾向于在后续决策中增加对利己目标的资源投入，并降低实施道德行为的意愿（Susewind & Hoelzl, 2014）。

综上，在对道德目标的追求过程中，个体能够从过往道德行为中同时推断出两类承诺感。第一类是对道德目标本身重要性的感知，这一推断决定了个体能在后续道德行为中收获的直接效用量，即从增加他人福利这一行为结果中收获的满意度。第二类是对"成为有道德之人"这一目标的重要性感知，这一推断决定了个体从后续道德行为中收获的间接效用量，即从良好的自我形象感中收获的满意度。两类预期效用与践行道德行为的成本（既包括实际成本，如耗费资源，也包括没有从事利己行为的机会成本）之间的相对强弱决定了个体采取后续道德行为的最终意愿。环保行为作为一类具体的道德行为，在针对环保目标展开的连续决策过程中，个体同样也能从过往的环保行为中推断自己对环保目标本身的承诺感，以及对环保身份的自我承诺感，两类承诺感将共同影响个体参与后续环保行为的意愿。环保目标承诺与自我环保身份承诺是一对紧密关联但互相区别的概念。例如，当个体越倾向于将自己视为爱护环境的人，他们对环境保护这一目标本身的关注度也越高。尽管如此，关心环境之人却并不一定将自己视为乐于实施环保行为的人，例如个体不认为环境问题严重，或认为解决环境污染问题不需要个体行为、而主要依赖政府行为等（van der Werff et al., 2013b）。通过目标视角理解自我形象感与行为的互动关系，本研究将目标自我调节与道德自我调节机制有机地整合在了一起，进一步完善了自我推断模型的解释效力。

至此，本节完成了对环保行为溢出效应的自我推断模型的所有推导，模型如图 3-1 所示。那么相比于现有理论，自我推断模型是否更富解释力？换言之，"自我推断"模型是如何成功地调和了现有四类行为溢出理论机制之间的矛盾的？

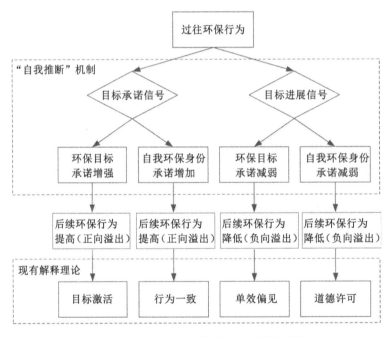

图 3-1　环保行为溢出效应的自我推断模型

　　一方面，目标激活理论与单效偏见效应均强调过往环保行为通过影响环保目标力量进而作用于后续环保行为，但前者认为既往行为能够强化个体的环保目标感知，进而引发正向溢出（Thøgersen & Noblet, 2012）；后者却认为既往行为可能削弱环保目标力量，从而引发负向溢出（Weber, 2006）。依据自我推断模型，两类理论事实上解释了不同行为信号下由环保目标承诺所中介的两类行为溢出效应。当个体将过往行为视为体现自己对环保目标承诺的信号时，他们的环保目标承诺感得到强化，正向溢出随之发生，这对应了目标激活效应；相反，当个体将已有环保行为视为自己已实现环保目标的进展信号时，环保目标承诺将减弱，个体转向追求其他私益目标，因此负向溢出发生，这对应了单效偏见效应。

　　另一方面，行为一致理论与道德许可效应均以自我形象感的强化作为阐释各自理论的核心依据（Susewind & Hoelzl, 2014），但前者认为强化的自我形象感会提高后续一致行为发生的可能（Truelove et al., 2014），而后者却认为自我形象感的提高会许可个体参与后续不一致行为（Zhong et al., 2009）。基于"自我推断"模型，本研究认为，两类理论均没有深入揭示个体对两类自我形象信号理解上的差异。在目标承诺信号下，个体自我道德形象感提高的背后是个体将"成为道德之人"这一目标归因于自我的深层偏好，并将其视为组成自我价值认同的核心要素。此时个体对这一自我形象目标的承诺不断强化，故行为一致更可能发生。而在目标进展的信号下，个体自我道德形象强化仅仅是个体依据既有道德行为对自我形象的简单更新，并没有将这一结果归因于自我的深层偏好（Susewind & Hoelzl, 2014），因此，强化的自我形象感更多地被视为体现了"我已是有道德之人"的目标进展依据，此时目标平衡策略或许可效应更可能发生。这一区分也支持了本书使用"自我身份承诺"、而非既有文献使用的"道德自我形象感"概念的合理性。

第二节　行为溢出影响因素的理论分析

上一节聚焦行为溢出的发生机理，通过探讨拥有多类目标的个体在连续决策过程中对内在偏好展开的"自我推断"机制，旨在回答"行为溢出为何能够发生"这一问题。本节重在回答"各类行为溢出何时才会发生"，即关注行为溢出具体形态的影响因素。基于自我推断模型，个体对过往行为信号的理解是促使前后行为一致或偏离的主要原因：个体采取目标承诺视角诊断过往行为往往会促进正向溢出发生，而采取目标进展视角检视过往行为时负向溢出更有可能发生。因此，通过分析左右个体"自我推断"视角选择的主要因素，研究能够在理论上识别各类行为溢出发生的具体条件。

本节将聚焦个体价值观念、环保行为属性及外部情境等多类因素的潜在影响，从而系统性地揭示决策主体、客体及情境的异质性对行为溢出形态的作用机制。其中，价值观念是个体行为最根本的驱动力之一（Boer & Fischer, 2013），也是引导居民环保实践的关键动机（Ling & Xu, 2020），接下来考察价值因素如何影响"自我推断"视角的选择。行为溢出形态差异的关键在于个体对既有行为信号的理解，而行为信号的内容与强度也可能与行为本身特征有关。下文将探讨这一可能。心理动机与个体行为之间并不具有天然的一致性（Gifford, 2011; Kollmuss & Agyeman, 2002; 王建明，2013），但过往环保行为研究片面依赖个体动机分析，带有浓厚的去情境化（decontextualization）与方法论个人主义色彩（Cho & Kang, 2017; Clayton et al., 2016）。相反，本研究将关注两类关键外部因素对行为溢出形态的影响，即作为正式制度安排的行为干预政策，以及作为非正式制度安排的社会规范。

一、个体价值观念

心理学对价值或价值观（values）的一般定义是："一类行为主体意图实现的、超越具体行为情境的、重要性因人而异的、作为引导人们生活的基本纲领的目标"。（Schwartz, 1992）这一定义体现了个体价值观念的四点重要特征：第一，价值是一种目标信念，这种信念反映了个体对某一特定状态或目的的渴望（De Groot & Steg, 2008），体现了个体意图依循自我深层偏好展开行动（Allport, 1961）；第二，价值是一种高度抽象的目标，这类目标超越了具体情境，是一种一般性的动机结构（Schwartz, 1992）；第三，价值是一种作为生活基本纲领的目标信念，这种信念将影响个体对他人、行为、事件的选择或评估（Steg et al., 2016）；第四，同一个体可能认同多种价值，这些价值可能相似，也可能相互冲突，但它们可以按照重要性等级进行排序，且价值优先度因人而异（De Groot & Steg, 2008）。Schwartz（1992）进一步提出了价值的通用结构，将人类普遍认可的价值归纳为 10 类[①]，并按照"自我超越—自我提高"（self-transcendence vs. self-enhancement）与"开放—保守"（openness-to-change vs. conservation）两大维度对具体价值进行组织。

价值观念也是影响个体环保行为的基本动机因素（Ling & Xu, 2020）。Boer 与 Fischer（2013）基于来自 31 国实证文献的元分析结果表明，"自我超越—自我提升"维度的价值观与个体环保行为有关，而"开放—保守"维度的价值观则与个体环保行为之间的关系不显著。Steg 等在 Schwartz（1992）的研究工作的基础上进一步开发了一套适合环保行为研究的价值量表（De Groot & Steg, 2008; Steg et al., 2012），并发现如生态保护价值观（biospheric

---

① 十类价值依次为：权力（power）、成就（achievement）、享乐（hedonism）、刺激（stimulation）、自我定向（self-direction）、普适性（universalism）、慈善（benevolence）、传统（tradition）、遵从（conformity）及安全（security）。该一类型划分已得到 44 国居民样本数据的支持，较好地符合了人类的一般动机结构（Schwartz, 1992, 1994）。

values）、利他价值观（altruistic values）等自我超越价值观与个体环保行为之间具有正相关关系（De Groot & Steg, 2008; Steg et al., 2012）。其中，生态保护价值强调个体对保护自然生态这一目标的追求，利他价值则突出个体对社群集体利益的重视（Steg et al., 2014）。相反，属于"自我提升"范畴的利己型价值观念（如权力、成就、财富等）与环保行为之间具有负相关关系（Chan, 2019; Steg et al., 2014）。

作为一类引导人类生活模式的基本、稳定的驱动力量，价值观反映了个体认为生命中最重要的目标，并决定了特定目标超越具体情境的长期认知可及性水平（chronic accessibility）（Steg et al., 2014）。例如在环保行为领域，个体越认可自我超越价值观（如利他价值观、生态保护价值观），他们对自我规范或环保目标的自发感知往往也越强，因此对于这类人群，环保目标的认知可及性往往较高，不论是否受到具体情境因素的激活。相反，越认可利己等自我强化价值观的个体则对私益目标的自发感知越强，故对于这类人群，私益目标在一般意义上具有更高的认知可及性水平（Steg et al., 2014）。

更重要地，目标的初始认知可及性水平可能影响个体在连续决策过程中对"自我推断"视角的选择。具体而言，当行为开展前特定目标已具有较高的可及性水平时，人们实施了针对该目标的追求行动后，更可能采取目标承诺视角，将行为视为体现自身目标承诺的证据。此时，人们参与后续目标一致行为的意愿更强，正向行为溢出也更易发生（Fishbach et al., 2006; Fishbach et al., 2009）。既有理论与经验研究为该论断提供了支持证据。例如，目标梯度理论（goal gradient theory）（Hull, 1932, 1934）等经典目标研究认为，在单一目标情境中（即特定目标在此情境中具有高度的认知可及性，而其他目标的认知可及性较低，或处于"休眠"状态），个体对目标的承诺感将随着目标追求行为的持续开展而不断增强，故个体追求目标的动力随着向目标终点的逼近而不断提高（Fishbach & Dhar, 2005）。又如 Dhar 和 Simonson（1999）针对消费者行为的研究表明，当只有一类目标活跃时，个体在连续消费中更可能展现行为一致，即不断追求这一目标以达到在该目标上的巅峰体验（peak experience）；而当事前存在多类活跃的目标时，个体在连续消费中更倾向于展现目标平衡策略，以获得消费整体效用的最大化。此外，Fishbach 等（2006）的系列实验也表明，当通过实验操纵技术将特定目标事先激活后，个体初始的目标追求行为提高了他们的目标承诺感与参与后续目标一致行为的意愿；当目标未被事前激活时，初始目标追求行为则提高了个体在后续决策中追求其他目标的意愿，即此时人们更倾向于实施目标平衡策略。

上述证据表明，特定目标在初始状态中的认知可及性越高，践行目标追求行为更可能促使个体实施其他目标一致行为，此时正效应也更易发生（Fishbach et al., 2009）。由于目标认知可及性不仅受到情境因素的刺激，也受到个体基本价值观念的影响（Steg et al., 2014），个体价值观可能通过决定目标初始的可及性水平，进而左右后续个体的自我推断视角与行为溢出形态（Fishbach et al., 2006）。对于环保行为溢出效应而言，当个体对自我超越价值观的认可度越高时，他们对环保目标的感知往往越强，因此也越可能采用目标承诺的视角审视过往环保行为，从而对于这类人群正向溢出发生的概率更大。相反，对于认可自我提升价值观的个体而言，环保目标的可及性往往较低，他们更可能采用目标进展视角检视过往环保行为，故对于这类人群负向溢出发生的概率更高。[①] 在实证经验上，尽管 Thøgersen 与 Ölander（2003）的研究是当前仅有的探讨价值观对（环保）行为溢出影响的文献，并发现高自我超越价值感的消费者同时展现出更强的正向与负

---

① 另外的解释如，对自我超越价值观更认可的个体而言，前后环保行为不一致由于威胁了他们所珍视的自我概念元素，因此感到认知失调的压力更大，因此维护行为一致的可能性更高（Steinhorst & Matthies, 2016; Thøgersen, 2004）。

向溢出。然而该研究是基于问卷调查展开的非实验研究，故相关关系结果的内部效度值得商榷。

另外值得说明的是，在个体仅认可单一价值观的极端条件下，行为溢出可能不会发生。例如，当个体仅认可利己价值观（即为完全理性人）时，他们不需要依赖既有行为对内在偏好展开自我推断，此时无论是否实施初始环保行为，他们均完全依据内在的利己偏好做出当前的决策，因此前后行为之间不存在因果关系。类似地，当个体仅认可利他价值观时，初始行为对后续决策也不具有影响。然而，"现实人"往往是"有限的自利者"，他们同时认可利他与利己两类价值，尽管价值力量的强弱因人而异。此外，人们更无法对内在偏好展开完美回忆。因此，行为溢出存在发生的条件，且具体形态又可能受到个体价值观特征的调节。

二、环保行为难度

除了决策主体的异质性（个体价值观念）以外，决策客体即环保行为本身的特征也可能影响自我推断视角的选择及行为溢出的具体形态。行为难易程度（behavioral costliness）是区分环保行为的一类关键属性（Thøgersen & Crompton, 2009）。个体对行为难度的感知受到如资源、规范、知识等多类内、外部因素的影响，因此存在较高的异质性（Steg et al., 2014）。一般而言，在私人领域的环保行为中，垃圾分类、节电和节水行为的执行成本相对较低，诸如绿色出行或拒绝使用一次性消费品等行为则需要个体付出更高的转型成本（Lanzini & Thøgersen, 2014）。在公共领域，支持环保政策难度较低，而参加社团、捐款、环保公益活动等公民性行为（Citizenship Actions）等需要承担更高的成本（Stern et al., 1999; Thøgersen & Crompton, 2009）。当环保行为难度较高时，个体的自利性目标将会被激活，而规范性目标则会被抑制，因此个人参与高难度环保行为的意愿普遍不高（Steg et al., 2014），尽管这些行为对于环境保护的贡献可能更为突出（Thøgersen & Crompton, 2009）。例如，根植于个体理性的计划行为理论往往对高难度环保行为具有更强的解释力，而规范激活模型、价值—信念—规范模型等基于个体道德规范动机的理论则对低难度环保行为具有更好的预测效果（Guagnano et al., 1995），但对高成本行为的解释效力不如计划行为理论（Steg & Vlek, 2009）。这些证据表明，当面对高难度的行为时，私益目标的力量更为强大。

既往研究认为，当面临后续高难度的环保行为时，人们可能策略性地将已有环保行为作为后续少作为或不作为的依据，即倾向于使用目标进展视角审视过往环保行为，故负向溢出更易发生（Thøgersen & Crompton, 2009; Truelove et al., 2014）。然而，当面临高难度环保行为时，个体的自利倾向会被无意识地激活，并暂时压制环保目标等公益偏好（Steg et al., 2014）。这意味着，此时个体可能无须借助对过往行为的自我推断以了解自身内在偏好。换言之，当后续行为难度较高时，无论是否参与初始行为，人们均将私益目标作为行为决策的主要动机，并且不愿意参与此类行为。因此与过往研究不同，自我推断模型预设：当后续环保行为难度越高时，正、负向溢出均更难发生。

三、行为干预政策

环保行为是一类典型的利他或道德行为，但推动个体参与环境保护也面临着集体行动的困境（Xu et al., 2018a）。如前文所述，个体对规范目标与私益目标这一对互为竞争关系的目标的追求，刻画了集体行动困境的个体心理机制。为克服这一困境，环保宣传教育或为环保践行者提供"选择性激励"已成为当前推动个体环保行为的两类主要策略（Steg et al., 2014; Xu et al., 2018a）。前者旨在增强个体的环保规范目标、抑制个体的自利目标，从而缓解两类目标之间的紧张关系；后者意图使个体在环保参与中同时实现两类目标，从而解决目标之间的矛盾（Steg et al., 2014）。以我国当前开展得如火如荼的家庭垃圾分类为例，深入社区的宣传教育是地方政府推行垃圾分类的主要手段。这类策略通过向居民展示垃圾污染的信息并强调垃圾分类对环境保护的贡献，培育居民的环保规范意识，引导他们自愿践行垃圾分类（徐林等，2017）。同时，越来越多的地方政府选择与回收公司展开合作，向参与垃圾分类的居民提供经济奖励（如积分兑换、小额物质奖励等），提高个体行动收益以增强其分类意愿（Ling & Xu, 2020）。

现有研究着重考察了两类策略的直接效果，即它们对目标行为的影响。针对经济激励策略，基于理性人逻辑，由于参与受奖励的环保行为能够带来额外收益，因此经济激励应当具有积极效果（Olson, 1965）。然而，大量心理学与行为经济学研究表明，经济激励可能对个体内在规范动机具有"挤出效应"（motivational crowding-out effects），反而会削弱个体参与受奖励行为的意愿（Ling & Xu, 2021b）。[①] 例如，经济激励可能会激活个体的自利动机、抑制规范动机，这导致人们对是否参与环保行为的考量从原先的道德基准转向市场基准（Gneezy & Rustichini, 2000; Heyman & Ariely, 2004），并认为该行为不过是另一类消费品。此时，个体的参与行为将主要由自利动机决定，部分个体可能认为行为收益仍然较低而退出合作（Maki et al., 2016; Steg et al., 2014）。当激励策略实施结束后，个体由于"无利可图"，可能选择不再参与该类行为，甚至因为内在动机已经被激励所"挤出"，参与水平反而比奖励实施前的基准水平更低（Maki et al., 2016）。此外，经济奖励也可能与个体认同的志愿精神或形象动机（image motivations）冲突，这导致内在规范较强或身处利他规范中的个体不愿参与经济奖励行为（Rode et al., 2015）。

---

① 相关综述参见 Bowles（2008）、Bowles 与 Polania-Reyes（2012）、Deci 等（1999）、Rode 等（2015）。

环保信息宣传策略旨在强化个体的规范意识，如向居民强调环保行为的环境与利他价值（Steinhorst & Klöckner, 2018; Xu et al., 2018a）。该策略对目标行为的积极影响相对较小（Kollmuss & Agyeman, 2002; Osbaldiston & Schott, 2012），且可能不易在短期内显现，但有助于社群环保规范的形成（Xu et al., 2018a; 徐林等，2017）。此外，环保信息宣传策略的实施效果也存在显著的异质性，如运用社区既有社会网络、依赖社群成员之间的人际关系或进行面对面交流互动时，宣传策略的效果更佳（Abrahamse & Steg, 2013; Dai et al., 2015; Dai et al., 2016）。

环保信息宣传与经济激励也会因行为溢出效应对非目标行为产生影响，但在不同策略下，行为溢出的具体形态截然不同。既有研究对该问题的分析较为成熟（参见第二章第三节），这里从目标自我调节的角度对两类策略的溢出效应进行阐释。第一，两类策略对目标行为的诊断性功能产生差异化的影响。行为的诊断性功能（diagnosticity）是指行为本身的属性能够帮助个体推断其内在品质的能力（Thøgersen & Crompton, 2009）。环保信息宣传策略通过强调目标行为的环保或利他属性，鼓励居民自发参与（Steinhorst et al., 2015）。这有助于个体对初始行为的内部归因，即将初始行为与环境保护目标紧密联系在一起，并增强目标行为对于自身内在环保偏好的诊断性功能（Thøgersen & Crompton, 2009; Truelove et al., 2014）。因此，个体往往采用承诺视角，将践行目标行为理解为自己重视、认同环境保护的依据，此时正向溢出更易发生。相反，经济激励策略借助奖励等外部手段诱导个体参与目标行为，此时个体往往将目标行为的实施归因于奖励等外部情境因素，而并未将其与自身内在偏好相挂钩（Thomas et al., 2016; Truelove et al., 2014; van der Werff & Steg, 2018），此时过往行为的诊断性较低，而个体采取目标承诺视角的可能性也较低，故正向溢出更不可能发生。

第二，两类策略对目标初始可及性水平也会产生差异化影响。环保信息宣传显然有助于个体事先激活对环保目标的认知可及性，并促使其采用承诺视角，聚焦个体对环保目标的承诺，从而提高其参与非目标行为的意愿。相反，动机挤出效应等研究则表明经济激励策略有助于激活个体的自我提升价值与私益目标，并同时削弱其对环保规范目标的力量强度（Evans et al., 2013; Rode et al., 2015），此时个体更可能采用承诺视角聚焦对私益目标的承诺。由于大量环保行为本身并不具备较强的经济价值（Steg et al., 2014），当个体的私益目标受到外部激励从而被激活后，他们可能更不愿意参与后续环保行为，因此经济激励策略甚至会诱发负向溢出。

四、外部社会规范

社会规范（social norms）是行为科学的一大基础议题。当前对于社会规范的研究意图回答为何个体行为会潜移默化地受到他人言行与社群规范的影响。社会心理学将社会规范定义为："被社群成员共同理解的、引导或制约个体社会行为的非正式规则或标准"（Cialdini & Trost, 1998）。社会规范是一种帮助个体以社会认可的方式实施行为的"隐性导航仪"（Morris et al., 2015）。换言之，人们往往无意识地遵循社会规范但并不自明，因此经常低估社会规范对自己的影响（Nolan et al., 2008）。例如，看到他人向街头艺人捐赠会显著提高路人的捐赠意愿与金额，但没有一个捐赠者认为自己受到了他人行为的影响（Cialdini, 2005）。

人们的环保行为同样深受社会规范的影响。相关研究发现观察或知晓他人的环保行为能提高个体参与环保实践的可能（Abrahamse & Steg, 2013; Bergquist et al., 2019; Farrow et al., 2017）。一个典型的例证来自家庭节电领域。如 Allcott（2011）、Allcott 与 Rogers（2014）等大量学者通过田野实验发现，当将邻里平均的用电量告知居民后，居民会有意或无意地将自己的用电量与社会规范展开比较，并提高其参与节电行为的水平。个体服从社会环保规范的原因一般有二：第一，当知晓环保实践在社群中的普遍程度（其他人是否参与环保行为）后，个体希望通过效仿他人普遍实施的行为以做出准确或有效的决策（Farrow et al., 2017）；第二，个体意图通过参与环保实践获得社会许可或规避社会谴责（Abrahamse & Steg, 2013）。因此，个体服从动机的内部化程度（internalization）往往并不高（Bergquist et al., 2019; Thøgersen, 2006）。

尽管社会规范对促进社群成员的环保行为具有重要作用，但也可能导致行为负向溢出的发生（Lalot et al., 2018）。个体对社会规范的遵循来自对社会压力的服从，且往往会压制自己对内在偏好的自由表达与对私益目标的追求（Bardi & Schwartz, 2003; Eom et al., 2016; Lönnqvist et al., 2006; Ling & Xu, 2020; Tam & Chan, 2017）。莫斯科维奇（Moscovici, 1980）的转换理论（conversion theory）进一步认为，作为一种社会多数派的支持，社会规范本质是一个比较的过程：该过程凸显出个体与规范之间的差距，促使个体追求减少与规范目标之间的差距。然而，当人们的规范性（normativity）被确认之后，他们倾向于认为不再有必要继续追求社群目标，因此会产生懈怠（或转而追求自己的目标）。因此，社会规范或多数派支持产生的影响可能只是被诱导出的一种表面的服从，并不会造成个体态度的深刻转变。这样的社会管理方式往往导致社会认知的麻痹（sociocognitive paralysis），即个体在认知上对社会规范立场的整合与同化水平较差，而真正的整合只在该立场对个体非常重要时才会发生（Lalot et al., 2018; Lalot et al., 2019）。

相反，转换理论认为社会少数派支持对个体态度与行为的影响是一个确证的过程，在该过程中个体更加关注、领会群体的观念与目标。因此，人们并不是由于社会压力、而是因为真正认同才服从少数派立场（Moscovici, 1980）。此外，对少数派立场的赞同会促使个体将群体目标视为个体目标。相比于多数派成员，少数派成员总体上具有更高的凝聚力、组内认同感、满意度，以及对群体立场与目标的承诺感（Lalot et al., 2018; Lalot et al., 2019）。更重要地，当个体被群体内的少数人而非多数人支持时，个体更有可能将自己的态度与行为归因于自身动机（Kelley, 1973），这促进了个体对少数派立场更好地内化。

综上，转换理论表明，当个体身处强大的社会规范之中时，他们可能更倾向于运用目标进展视角审视自己过往的规范一致行为。当个体感到社群规范目标已经完成后，他们确证了自己的规范性，因此也更倾向于转向追求自己的私益目标。这一论点又与"道德凭证"机制有类似之处，即当对道德规范实施了支持行为后，人们往往更自由地表达自己的内在偏好，而不再担心会受到社会舆论的谴责（Effron et al., 2009; Effron & Monin, 2010; Monin & Miller, 2001）。相反，当个体的初始行为受到社群少数派支持时，个体更可能采取目标承诺视角审视这一行为，并加强对少数派目标的承诺，进而继续追求目标一致行为，此时正向溢出发生（Lalot et al., 2018; Lalot et al., 2019）。对这些预设的支持证据有：受多数派影响的态度对行为的解释力相比于受少数派影响的态度更低（Martin et al., 2007）；赞同多数派观点引发沉默、放松等状态（Falomir-Pichastor et al., 2008），而赞同少数派观点引发高兴、愉快等情绪（Higgins, 1997; Shah & Higgins, 2001）。Lalot等（2018）的系列实验更表明，当多数人支持环保价值时，行为负向溢出更易发生；而当少数人支持环保价值时，被试展现出更高的行为一致水平。

此外，对于社会规范与行为溢出关系也可从行为诊断性的角度予以理解：当社群的环保规范越强时，居民普遍参与环保实践，此时环保行为对个体内在偏好的诊断功能也更弱，因此个体更可能采取目标进展视角审视既有环保行为，并采取目标平衡策略（Thøgersen & Crompton, 2009; van der Werff et al., 2014a）。

需要强调的是，上述推论并不表示外部环保规范对个体环保行为具有消极影响。一般而言，社区环保规范越强，居民参与环境保护的水平往往越高。这可以通过观察强规范与弱规范社区中居民参与环保行为的实际水平、并将两类水平进行直接比对得出。本书想要说明的是，在强规范社区中，当个体践行了一类环保行为后，其参与后续环保行为的水平可能比他们没有实践初始环保行为时（反事实框架）要更低；而在弱规范社区中，这类行为负向溢出发生的可能性更小。因此，本书旨在对比的是两类社区居民的环保行为溢出量，无意于探讨外部规范对个体环保行为的直接影响。

至此，本节辨识了个体价值观念、行为难易程度、行为干预政策及社会规范等多方面因素对个体"自我推断"视角选择的潜在作用，以此构建了行为溢出效应的影响因素模型（见图 3-2）。

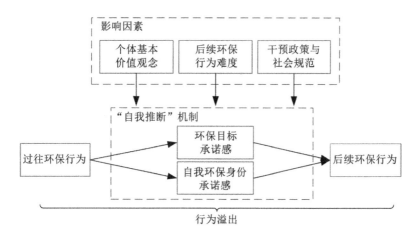

图 3-2 环保行为溢出效应的影响因素模型

第三节 研究假设与后续实验安排

基于对个体环保实践中"自我推断"模型的深入探讨，本章的理论分析提出了 10 类需要后续实验检验的理论假设。

环保行为溢出效应的内在机理方面，环保目标承诺与自我环保身份承诺是解释行为溢出效应的两类关键中介变量。两类承诺感越强的个体越乐于参与后续环保行为（即因变量），但过往环保行为（即自变量）对两类承诺感的影响却取决于个体差异化的自我推断过程。简要而言：当居民以目标承诺视角审视自己过往的环保行为时，该行为将对个体的环保目标承诺感和自我环保身份承诺感产生积极影响，进而提高个体参与后续环保行为的意愿（正向溢出）；相反，当居民以目标进展视角审视过往环保行为时，该行为将对个体的两类承诺感产生消极影响，进而减弱个体实施后续环保行为的意愿（负向溢出）。因此给出以下假设。

H1a：过往环保行为对环保目标承诺感的强化将促生行为间的正向溢出。

H1b：过往环保行为对自我环保身份承诺感的强化将促生行为间的正向溢出。

H2a：过往环保行为对环保目标承诺感的弱化将诱发行为间的负向溢出。

H2b：过往环保行为对自我环保身份承诺感的弱化将诱发行为间的负向溢出。

在环保行为溢出效应的影响因素方面，个体价值观念、环保行为难度、行为干预政策及社会规范通过调节个体的自我推断过程，进而左右行为溢出的具体形态。简言之，个体越认同利他或生态保护等两类自我超越型价值，越可能采用目标承诺视角审视过往环保行为，此时该行为对两类承诺感将产生积极影响，进而催生行为间的正向溢出；当面临高难度环保行为时，无论此前是否参与环保行为，个体的自利目标均被无意识激活，此时自我推断机制作用式微，故行为间的溢出效应难以发生；环保宣传策略下居民更倾向于采用目标承诺视角审视过往环保行为，行为正向溢出也更易发生;经济激励策略将激活参与者的自利目标,并弱化他们对环保目标与自我环保身份的承诺感,进而导致负向溢出;在居民环保规范较高(即居民普遍实施环保行为)的社区中,个体更易聚焦自身实现社群规范目标的进展,故他们更可能展现出前后行为的不一致(负向溢出)。综上提出以下假设。

H3a:个体对利他价值观的认同程度越高,正向行为溢出更容易发生。

H3b:个体对生态保护价值观的认同程度越高,正向行为溢出更容易发生。

H4:后续环保行为难度越高,行为溢出发生的可能性越低。

H5a:强调目标行为环保价值的政策干预更易促生行为间的正向溢出。

H5b:强调目标行为经济价值的政策干预无法产生正向溢出,甚至诱发负向溢出。

H6:社区环保规范越强,个体前后环保行为间的负向溢出越容易发生。

本书后续的实验研究将围绕居民垃圾分类行为展开,对上述理论预设展开细致检验。作为世界上最大的垃圾生产国,我国的年垃圾产量以8%～10%的速度高速增长,2/3以上的城市饱受"垃圾围城"问题困扰(徐林和凌卯亮,2016)。生活垃圾的源头分类被广泛认为是促进城市废弃物的资源化与减量化的有效途径(Stoeva & Alriksson, 2017),也是当前我国破解垃圾困境的重要手段。例如,自2017年3月国务院颁布《生活垃圾分类制度实施方案》以来,生活垃圾分类便成为当前各大城市全力推进的重大环境政策。尽管垃圾分类与回收是环境保护研究的重点议题,但目前学界对该行为的溢出效应仍然缺乏系统检视。本书的两个实验研究意图弥补这一不足。其中,第四章运用大样本居民调查实验,通过"回忆法"操纵居民对过往垃圾分类行为的感知,观测垃圾分类对若干公共环保行为意愿的溢出效应，并对理论预设展开完整检验。第五章则运用田野准实验法，进一步检视居民在实际参与垃圾分类过程中所展现的行为溢出，尤其关注环保信息宣传与经济激励两类政策干预手段对溢出效应及其发生机制的差异化影响。两个实验均开展于杭州市，且开展期间地方生活垃圾分类政策正处于稳步推行阶段，政策与社会环境较为稳定。实验内容与假设检验的具体安排见表3–1。

表3-1　实验研究安排

章节	研究内容	受检验的假设
第四章	垃圾分类对公共环保行为的溢出：来自调查实验的证据	H1a、H1b、H2a、H2b、H3a、H3b、H4、H5a、H5b、H6
第五章	两类政策干预下的行为溢出：来自田野准实验的证据	H1a、H1b、H2a、H2b、H4、H5a、H5b

第四节　本章小结

本章从内在机理与影响因素两方面对居民环保行为的溢出效应进行了理论分析，通过详细阐释个体在环保实践中的"自我推断"机制，回答了"行为溢出为何发生"这一基本问题；通过进一步探讨影响自我推断视角的四类因素（个体价值观念、环保行为属性、外部干预政策及社会规范因素），回答了"行为溢出何时发生"这一基本问题。本章的主要学术贡献包括：第一，提出自我推断模型，以此追溯行为溢出现象的发生本质，深入揭示行为溢出的内在机理，进而弥合了现有四类解释机制之间的理论争议。第二，较为全面地检视了决策主体、客体与决策情境三方面的异质性对于溢出效应具体形态的影响，诠释了各因素的具体作用机制，为今后行为溢出研究提供了一个更加系统、更具一般性的分析框架。

第四章

垃圾分类对公共环保行为的溢出：
来自调查实验的证据

　　根据第三章对行为溢出内在机理与影响因素的理论分析，本章设计了一个大样本社区居民的调查实验（survey experiment），实证分析居民垃圾分类行为对若干公共环保行为的溢出效应。公共环保行为包括居民对政府垃圾治理政策提案（实施垃圾计量收费、修建垃圾资源化处理站等）的支持，以及参与社区环保事务（加入环保志愿组织、向环保事业捐赠等）的意愿。进一步地，本章将检视行为溢出的发生路径与调节因素，从而完成对"自我推断"理论模型的检验。具体章节安排如下：第一节介绍了本研究的实验设计；第二节展示具体检验结果；第三节针对实验结果展开讨论；第四节对本章的发现与贡献进行总结。

第一节　实验设计

　　我们于 2018 年 12 月至 2019 年 8 月在杭州市的余杭区与萧山区对居民垃圾分类行为的溢出效应展开了大型调查实验。杭州是全国推行居民生活垃圾源头分类的先发城市，垃圾分类一直是其市政管理的重点内容。余杭与萧山又是杭州推进垃圾分类的集中区域。在推广模式上，环保信息宣传与经济奖励策略相结合是社区动员居民参与垃圾分类所依赖的主要手段。例如，余杭区的社区在自主开展垃圾分类宣传活动以外，也统一引入了 H 公司提供的经济奖励服务。该公司在社区周边开设了回收站点与便利店。居民通过参与垃圾分类会获得公司提供的"环保金"，"环保金"可以在公司便利店中消费。萧山区的社区则主要依靠第三方公司运营本社区的垃圾分类信息宣传与奖励工作。奖励形式如向参与垃圾分类的居民提供生活必需品或其他小礼品。

一、实验流程

本实验包括居民抽样（2018年12月—2019年1月）、第一轮调查（2019年2月—2019年5月）、第二轮调查（2019年6月—2019年8月）三个阶段，第二轮调查在第一轮基础上开展，实验干预在第二轮调查中实施。研究数据来源于两轮问卷调查。

（一）居民抽样

当前少量学者开始使用调查实验方法检验行为溢出效应，但相关研究往往针对小规模网络用户开展，因此研究的样本量与外部效度均存在局限性。为规避这些不足，研究团队与地方政府展开合作，对余杭与萧山实施垃圾分类区域中的所有居民（抽样框）进行了随机抽样。具体而言，对于每一个区，研究囊括了辖区内推行垃圾分类的所有街道（余杭区12个，萧山区7个）。由于部分社区并没有在其管辖的所有小区中都推行垃圾分类，因此研究跳过社区层级，对每个街道内推行垃圾分类的所有小区按照40%的比例进行随机抽样。对于每个抽中的小区，研究通过社区居委会在完整住户名单中根据小区实际规模随机抽取30～50名年满16周岁的居民作为调查对象。研究最终共抽取10206名居民。

（二）第一轮调查

研究对被选中的居民展开第一轮问卷调查。该调查对所有受访者完全一致，用于测量居民的价值观念、环保行为参与等基础信息，并获取个人联系方式，方便第二轮调查的开展。调查员入户邀请被选中的居民填写纸质问卷，并向同意作答的居民赠送礼品。调查员由各社区志愿者和在校学生构成，在正式上门前，他们全部接受了调查的相关培训。共8399名居民填写了第一轮问卷，完成率为82.3%。剔除大面积漏题、自始至终只选择同一选项、填答者未满16周岁或不在调查区域内的无效问卷，共7980

位居民进行了有效作答，他们来自余杭与萧山 126 个社区的 254 个小区，有效样本占抽样总人数的 78.2%。

（三）第二轮调查

研究接下来展开第二轮调查，并将实验干预内嵌在调查问卷中实施。本轮问卷仅向有效参与第一轮调查的居民发放。第二轮调查问卷共分为 5 个版本，其中版本 A 向对照组被试发放，版本 B 至 E 分别向四个干预组发放。研究采用完全随机分配方法为每位居民随机选择需要填答的问卷版本。由于实验操作的需要，以及避免纸质问卷发放可能产生的错发、漏发等人为失误，第二轮调查采用网络问卷收集数据。研究根据居民在第一轮问卷中填写的手机号码信息，以短信的形式将每类问卷的网络链接发送给对应的受访者。同时，调查员再次上门邀请被试点击链接参与问卷调查，对参与者实施奖励，并向研究团队反馈尚未收到短信或手机号码有误的居民名单，方便团队再次发送短信。为保障研究质量，调查员与受访者均被告知此轮调查旨在了解居民的日常生活行为，且调查员并不知晓问卷存在多个版本。

研究通过问卷内容的差异化设计来实现对受访者施加干预的设想。具体而言，干预组问卷首先向被试展示四类生活垃圾（可回收、厨余、有害及其他垃圾）[1]，要求被试从中勾选自己近期曾进行过分类投放的垃圾种类，以帮助被试回忆自己过往的垃圾分类行为。接下来干预组被试依次评估自己喜爱的电视节目、参与公共环保行为的意愿，以及对若干心理变量的感知情况。其中，电视节目评价是一类"填充题"（filler item），用于避免受访者直接将垃圾分类与后续关键行为心理题项相联系。对照组问卷则将勾选垃圾分类行为的题目移至问卷最后，即该组被试在回答公共环保行为题目前并没有被提醒自己以往的垃圾分类行为。通过这种回忆法（Lacasse，

---

[1]　四类垃圾依据杭州市生活垃圾分类标准设定。

2015, 2016; Werfel, 2017），研究操纵被试对过往垃圾分类实践的回忆，并检验回忆垃圾分类行为对后续行为意愿与心理感知的影响。

研究进一步使用反馈法（Eby et al., 2019; van der Werff et al., 2014b）操纵干预组被试对其垃圾分类行为的具体感知，以影响他们对自我推断视角的选择。在四类干预组中，回忆组被试仅确认自己过往的垃圾分类行为，不会收到任何反馈；对于其余三组被试，他们在勾选以往垃圾分类行为后，问卷会自动弹出一个名为"温馨提示"的反馈信息，但各组收到反馈信息的具体内容有所不同。具体而言：

进展组收到的信息是"居民参与日常垃圾分类有效减少了垃圾污染，目前我市的垃圾问题正在逐步改善"，同时文本附带象征力量的拳头标识；该反馈告知被试居民参与垃圾分类在实现环保目标上已经取得了有效进展，促使个体以目标进展视角检视过往行为。

环保组收到的信息是"参与日常垃圾分类不仅有助于减少垃圾污染、改善生态环境，更表明您是一个爱护生态环境、关心自然生态的人"，同时附带象征着好环境的山水图片；该反馈试图强化垃圾分类行为对内在环保偏好的诊断性，促使个体选择目标承诺视角。

经济组则收到的信息是"参与日常垃圾分类不仅有助于减少垃圾污染、改善生态环境，也能赚取回收公司的经济奖励，帮助您减少一部分日常开支"，同时附带象征金钱的"¥"形标识；这一反馈旨在增强垃圾分类行为的经济价值，从而减弱个体的内部归因，促使个体选择目标进展视角。

研究在实验开展前对杭州市 6 个代表性社区展开了深入调研，结果表明强调垃圾分类的有效性、环保价值及经济收益是当前社区推行垃圾分类过程中普遍采用的三类行为干预框架。研究结合这三类框架设计了反馈信息，从而更好地贴近现实世界中垃圾分类政策的推行模式。表 4-1 对实验干预差别进行了简要总结。

表4-1　调查实验中各组接受的干预

组别	问卷版本	是否首先回忆自己以往的垃圾分类行为？	是否接受垃圾分类的信息反馈？
对照组	A	否	否
回忆组	B	是	否
进展组	C	是	接受"有效性"反馈
环保组	D	是	接受"环保价值"反馈
经济组	E	是	接受"经济价值"反馈

在有效参与第一轮调查的7980名居民中，共4273位居民填写了第二轮调查问卷，剩余居民无法联系或不愿作答。剔除无效问卷后，共4253名居民进行了有效作答，占第一轮调查有效样本的53.3%，他们构成了本实验的研究样本。其中，对照组有853名、回忆组有965名、进展组有761名、环保组有799名、经济组有875名。与杭州市人口相关数据相比，研究样本中女性占比相当（占总样本的48.2%，杭州市的此项数据为48.7%），65岁及以上人口占比略低（占总样本的11.2%，杭州市的此项数据为12.8%），本科及以上学历人口占比更高（占总样本的28.4%，杭州市的此项数据为11.0%）。[①]

二、问卷测量

（一）第一轮问卷测量

1. 价值优先度

研究使用（De Groot & Steg, 2008; Steg et al., 2012）开发的个人价值观简易量表，请受访者按照李克特7点量表评估16类具体价值观念对自己的重要性（0="最不重要"，6="最重要"）。同时效仿既往文献（De Groot

---

① 杭州市性别、年龄数据来源：http://tjj.hangzhou.gov.cn/art/2020/2/14/art_1657772_41918023.html；受教育程度数据来源：https://new.qq.com/omn/20190509/20190509A05VQ5.html；检索日期：2020年2月25日。研究样本中高学历人口占比显著高于杭州居民，可能是因为调研区域是杭州高新技术企业的集中区域。

& Steg, 2008; van den Broek et al., 2017），研究要求受访者尽量体现自己对各类价值评价的差异性，并只能将少数价值评定为"最重要"。在 16 类价值观念中，"平等""世界和平""社会正义""助人为乐"反映个体的利他倾向，取这 4 题得分的均值来衡量居民的利他价值观（α=0.72）；[①]"尊重地球和大自然""与自然和谐相处""保护环境""环境整洁"反映个体的环保倾向，取这 4 题得分的均值来衡量居民的生态保护价值观（α=0.79）；"社会权力""财富""权威性""影响力""雄心"反映个体的自利倾向，取这 5 题得分的均值衡量居民的利己价值观（α=0.56）；剩余 3 题对应享乐价值观，与本研究无关故不纳入后续分析。由于居民往往认同多类相互冲突的价值观（如个体觉得利他与利己对自己都重要），为了体现各类价值观的中心度或比较强弱，研究效仿 van den Broek 等（2017），将受访者的利他价值观得分与利己价值观得分相减，用差值表示个体利他倾向的相对优先度（value prioritization）。该数值为正则表明个体的利他倾向比利己倾向更强。类似地，用生态保护价值观与利己价值观之间的得分差值表示个体的生态保护价值优先度。

2. 社区环保规范

环保规范反映了社群成员参与环境保护的普遍程度。参照 Lanzini 与 Thøgersen（2014）和 Thøgersen 与 Ölander（2003），研究设置了 6 道题目分别考察受访者在最近一年中实施日常节能、绿色出行等六类私人与公共环保行为的频率，并用李克特 5 点量表进行赋值（1="从不参与"，5="总是参与"）。对 6 题得分取均值来衡量个体的一般环保行为水平（α=0.78）。由于第一轮调查样本从各个小区完整住户中随机抽取得到，因此效仿既往研究的操纵方式（Cho & Kang, 2017; Ling & Xu, 2020），使用个体测量的平均程度衡量社区层面的环保规范水平。具体而言，对同属一个

———————

① α 代表克朗巴哈信度系数。两轮问卷测量变量的 α 系数由各自有效样本计算得到。

社区的所有受访者，研究将个体行为水平得分取均值，用于衡量该社区中居民参与环保行为的总体程度，即社区层面的环保规范水平。通过这样的方式计算126个社区的居民环保规范水平。

（二）第二轮问卷测量

1.公共环保行为

实验问卷测量了居民对垃圾治理的两类代表性政策提案的支持，以及参与两类社区环保公益活动的意愿。这些公共环保行为是本研究的被解释变量。具体而言：第一类政策提案意图在杭州市开展生活垃圾计量收费。"减量"是解决破解"垃圾围城"困境的根本出路，而发达国家的经验表明，以"污染者付费"为要义的垃圾产量差异化收费政策是督促居民减少日常垃圾排放的有效手段（Fullerton & Kinnaman, 1996; Jenkins, 1993; 杨凌等，2009）。2018年国家发改委发布的《关于创新和完善促进绿色发展价格机制的意见》更提出2020年底前全国城市需要建立生活垃圾处理收费制度，首次将垃圾计量收费提上了我国的政策议程。因此，本研究考察居民对这一重要政策安排的支持倾向。为使受访者明确该政策对个体造成的成本负担，研究估算并告知被试平均一户家庭每年会支付约102元的垃圾处理费。[1]

第二类提案意图修建更多资源化处理站，这些站点用于可再生垃圾（如玻璃、塑料）的分拣和加工，并符合清洁标准。建造废弃物加工处理站是提高废弃物资源化与无害化的有效途径。研究首先考察受访者对修建城市垃圾处理站这类一般性政策提案的支持度。此外，当前杭州的废弃物

---

[1]　杭州2018年人均垃圾排放量为0.75千克/天，但余杭与萧山居民尚未被要求缴纳专门的垃圾处理费，处置费用由政府财政承担。结合2013年广州垃圾计量收费试点过程中实行的垃圾袋收费标准（容纳3.96千克/12升垃圾的处置袋价格为0.5元/只），推算杭州一户三口之家每年（按360天计算）需支付垃圾袋费用约为102元，以此作为对居民承担垃圾处理成本的保守估计。杭州垃圾处理相关资料来源于杭州市城市管理委员会；广州计量收费数据参见：http://news.sina.com.cn/c/2013-11-30/084028853553.shtml。

处理设施较多分布于市郊，这样的布局大大增加了废弃物运输距离与成本，耗费着巨额政府财政资源。修建更多的市内处置站点有助于实现处理设施的最优布局，并降低垃圾清运成本，但由于选址临近居民社区，不易推行（即"邻避效应"）。① 问卷也进一步询问被试对修建社区垃圾处理站这一计划的接受程度，并使用李克特 5 点量表对上述政策支持类题目进行赋值（1="不支持"，5="支持"）。

在社区公益活动上，第一类活动考察被试参与社区新成立的志愿组织的意愿。题目注明该志愿组织会在周末定期开展垃圾分类宣传、社区卫生清洁等公益活动，表明志愿参与会牺牲个体的休息时间。使用李克特 5 点量表测量受访者参与该组织的意愿（1="不愿意"，5 = "愿意"）。第二类活动测量被试对社区公益事业的捐赠意愿。题目表明此次捐赠为匿名捐赠，以减弱如社会形象等"非纯粹利他"因素对个体决策的影响，反映受访者内在的利他倾向。同时题目规定捐赠数额最高为 100 元，并以 20 元为间隔设置等差区间测量被试的捐赠意愿（0="不愿捐赠"，1="1 ~ 19 元"，2="20 ~ 39 元"，3="40 ~ 59 元"，4="60 ~ 79 元"，5="80 ~ 100 元"）。

2. 两类环保承诺感知

参照既往研究（Fishbach & Dhar, 2005; Fishbach et al., 2006; Susewind & Hoelzl, 2014; Werfel, 2017），本研究设置了三道题目考察个体对环保目标的承诺感，分别为："我觉得自己有责任和义务减少垃圾污染、参与环境保护""良好的生态环境对我而言非常重要"及"减少垃圾污染、保护生态环境是我目前想要努力实现的目标"。受访者按照李克特 5 点量表对每道题目进行评价（1="完全不同意"，5="完全同意"）。取三题得分的均值衡量个体的环保目标承诺感（α=0.85）。此外，参照过往研究（van der Werff & Steg, 2018; van der Werff et al., 2014a, 2014b），研究设置了两道题目考察个

---

① 资料来源于 2018 年 11 月对杭州城市管理委员会的调研。

体对环保身份的承诺感，分别为"我是一类在生活中很注意保护环境的人"和"我觉得自己是一名环保人士"。受访者按照李克特5点量表对每道题目进行评价（1="完全不同意"，5="完全同意"）。取两题得分的均值来衡量个体的自我环保身份承诺感（$\alpha=0.79$）。

3. 过往垃圾分类水平与社会人口属性

研究依据被试对四类垃圾分类行为的勾选数量（0= 对四类垃圾均未实施分类投放，4= 对四类垃圾均实施了分类投放），衡量个体过往参与垃圾分类的水平。此外，两轮问卷均测量了受访者的社会人口属性，包括性别（0= 男，1= 女）、年龄、受教育程度（1= 未上过学，7= 研究生）及政治面貌（0= 非中共党员、1= 中共党员）。

三、数据匹配与插补

本研究数据主要来自有效参与第二轮调查的 4253 名样本的问卷信息，但个体价值观念与环保规范等变量由第一轮问卷测量。两轮调查问卷均测量了受访者的性别、年龄、受教育程度、政治面貌等社会人口信息，以及姓名、住址、手机号码等个人信息。基于这些基础信息，研究共识别了3261 位同时参与了两轮调查的居民（对照组 622 名、回忆组 742 名、进展组 559 名、环保组 653 名、经济组 685 名），因此，他们的个人价值观信息可以从第一轮调查数据中获取。此外，调查实验样本中有 4170 名居民的社区信息可以辨识（对照组 836 名、回忆组 945 名、进展组 747 名、环保组 788 名、经济组 854 名），他们来自 117 个社区的 211 个小区。因此，这些居民所居住社区环保规范信息能够从第一轮调查数据中检索得到。研究变量的描述性统计信息如表 4-2 所示，变量相关关系矩阵见附表 A-1。

两轮调查均含有少量缺失数据，且缺失数据的分布呈现任意缺失模式（arbitrary missingness pattern）。在第一轮调查的 7980 名居民样本中，有

1918 名居民在一个或多个题目上存在漏答，但每题的数据缺失程度很低（0.04%～2.40%）。研究使用基于链式方程的多变量插补法（multivariate imputation by chained equations）对缺失数据进行填补，该方法对于多个变量存在数据缺失时尤为有效（van Buuren & Groothuis-Oudshoorn, 2010）。在插补过程中，研究使用预测均值匹配模型（predictive mean matching）作为连续或定序数据的插补函数，使用 Logistic 模型作为二分数据的插补函数。同时，对原始数据研究采用多重插补，生成了 20 套插补数据，以反映被插补的缺失数据本身的不确定性。在第二轮调查的 4253 名居民样本中，有 88 名居民在关键题目上存在漏答，但每题缺失数据很少（0.09%～1.06%），同样采用基于链式方程的多变量插补法对缺失数据进行填补。由于第二轮调查数据的缺失数据总体占比很低，研究仅采用单一插补法形成一套插补数据。在对涉及第一轮调查变量（价值观与社区环保规范）的数据展开分析时，研究将第一轮调查的多重插补数据与第二轮调查的单一插补数据进行"多对一"匹配，从而形成 20 套插补数据集，并在每套数据集上进行相同的回归分析。最后依据鲁宾规则（Rubin's Rule）将各个运算结果合并为单一的多重插补结果（single multiple-imputation result）（van Buuren, 2018）。

表 4-2　研究变量的描述性统计

	变量	样本量	均值（标准差）	取值范围
个体层面	垃圾计量收费政策支持	4248	2.98（1.14）	1～5
	城市垃圾处理站政策支持	4249	4.18（1.06）	1～5
	社区垃圾处理站政策支持	4248	3.04（1.47）	1～5
	社区环保组织参与意愿	4247	3.60（1.24）	1～5
	社区环保捐赠意愿	4234	2.27（1.73）	0～5
	环保目标承诺	4246	4.58（0.68）	1～5
	自我环保身份承诺	4243	3.99（0.79）	1～5
	垃圾分类行为水平	4248	2.96（1.18）	0～4

续表

	变量	样本量	均值（标准差）	取值范围
个体层面	利他价值优先度	2894	1.66（1.21）	-3.0～4.9
	生态保护价值优先度	2888	1.87（1.24）	-3.7～6.0
	性别	4218	0.48（0.50）	0/1
	年龄	4208	45.97（13.30）	16～91
	受教育程度	4215	4.38（1.42）	1～7
	政治面貌	4216	0.24（0.43）	0/1
社区层面	社区环保规范	117	3.53（0.33）	2.75～5.00

注：个体层面变量数据存在缺失值。

第二节　数据分析

一、垃圾分类行为的溢出效应检验

首先对五类实验组在各社会人口属性上的平衡性进行检验，以检视随机化分配效果，如表 4-3 所示。检验结果表明被试年龄存在显著的组间差异，同时对照组与回忆组被试在受教育程度上也存在差异。研究在后续检验中控制被试的年龄与受教育程度，保证各组的初始状态近似等同。

表 4-3　各组平衡性检验结果

	对照组	回忆组	进展组	环保组	经济组	χ^2/F test
女性占比 /%	50.41_a	47.56_a	48.23_a	48.56_a	46.40_a	3.002
平均年龄 / 岁	47.13_a	45.17_b	$45.62_{b,c}$	$46.45_{a,c}$	$45.95_{a,b}$	2.84^*
平均受教育程度	4.28_a	4.47_b	$4.37_{a,b}$	$4.37_{a,b}$	$43.7_{a,b}$	1.92
中共党员占比	0.25_a	0.23_a	0.25_a	0.24_a	0.24_a	2.14

注：字母下标表示各组两两比较结果，下标中含有相同字母表示两组均值在 $p=0.05$ 水平上无显著差异；* 表示 $p < 0.05$。

图 4-1 直观展示了被试对五类公共环保行为参与意愿的组间差异。在计量收费政策支持、垃圾处理站政策支持及社区志愿组织参与等三类行为上，各干预组被试均不同程度地展现了比对照组更低的支持或参与意愿。

此外，在社区垃圾处理站支持度上，回忆组被试比其余四组更低。在环保捐赠意愿上，仅环保组与对照组基本持平，其余三个干预组的捐赠意愿更弱。总体而言，干预组被试各类参与公共行为的意愿较对照组而言更低，这表明对过往垃圾分类行为的回忆可能减弱了个体后续践行环保主义的倾向，即行为之间存在负向溢出的可能。

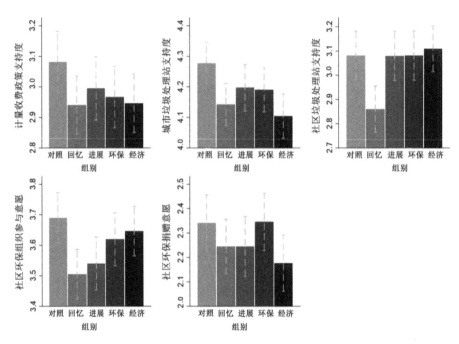

图 4-1　五类公共环保行为参与意愿的组间差异

注：虚线代表均值的 95% 置信区间。

接下来展开更严格的实证分析。研究使用定序 Logistic 回归模型对每一类公共环保行为进行检验。在回归模型中，依据实验分组设置了四个虚拟变量，反映被试所接受的实验干预。其中，对照组不接受任何干预，为检验中的基准组；回忆组（1= 是，0= 否）被试仅被提示自己过往的垃圾分类实践，但不接受行为反馈；进展组（1= 是，0= 否）被试同时接受行为回忆操纵与垃圾分类的有效性反馈；环保组（1=是，0=否）被试同时接受行为回忆操纵与垃圾分类的环保价值反馈；最后，经济组（1=是，0=否）被试同时接受行为回忆操纵与垃圾分类的经济价值反馈。四类组别虚拟变量是研究模型的核心自变量。此外，年龄与受教育程度作为控制变量也一同纳入模型。由于研究同时对多类环保行为进行检验，各方程之间可能存在误差相关。为此，本研究采用广义结构方程模型（generalized structure equation model）对方程组进行统一估算。图 4-2 显示了各类干预效果的优势比（Odds Ratio）系数估计值，表 4-4 展示了完整的检验结果。

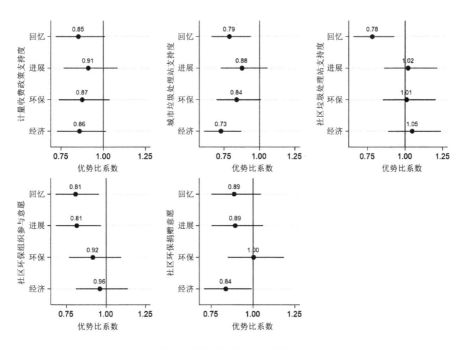

图 4-2　四类干预效果的优势比系数估计（N=4253）

注：实点代表点估计值，横线代表点估计值的 98% 置信区间。

表 4-4　各实验组的行为溢出检验结果（N=4253）

项目	垃圾计量收费支持度	城市垃圾处理站支持度	社区垃圾处理站支持度	社区环保组织参与意愿	社区环保捐赠意愿
回忆组	-0.166^	-0.239**	-0.237**	-0.217*	-0.128
	(0.087)	(0.090)	(0.088)	(0.086)	(0.085)
进展组	-0.095	-0.131	0.021	-0.213*	-0.113
	(0.089)	(0.096)	(0.088)	(0.088)	(0.088)
环保组	-0.138	-0.175^	0.020	-0.088	-0.007
	(0.087)	(0.094)	(0.088)	(0.091)	(0.085)
经济组	-0.158^	-0.315***	0.055	-0.050	-0.185*
	(0.085)	(0.091)	(0.085)	(0.087)	(0.086)
年龄	0.009***	0.006*	0.012***	0.015***	0.004^
	(0.003)	(0.003)	(0.003)	(0.003)	(0.003)
受教育程度	0.04	0.022	-0.093***	-0.071**	0.140***
	(0.024)	(0.025)	(0.024)	(0.024)	(0.024)

注：括号内为稳健标准误；^ 表示 $p < 0.1$；* 表示 $p < 0.05$；** 表示 $p < 0.01$；*** 表示 $p < 0.001$；定序 Logistic 回归模型中临界点系数估计值本表不再展示。

结果表明，对于实施垃圾计量收费政策，四类干预组与对照组的支持度之间不存在显著差异；对于修建城市垃圾资源化处理站这一政策，回忆组与经济组被试展现出了更低的支持度，即存在负向溢出（下降程度分别为 21% 和 27%，见图 4-3）；对于修建社区垃圾处理站这一提案，回忆组被试展现了更低的支持水平（下降程度为 22%）；对于社区环保志愿组织，回忆组与进展组被试均展现了更低的参与意愿（下降程度均为 19%）；最后，在社区环保捐赠上，经济组被试表达了更低的捐赠意愿（下降程度为16%）。综上，回忆组被试表现出了三类负向溢出证据，经济组对两类行为展现了负向溢出，而进展组仅在一类行为上存在负向溢出。此外，环保组被试未展现行为溢出。将基准组更换为回忆组，发现回忆组被试在城市垃圾处理站支持度上展现的负向溢出与经济组之间无显著差异；回忆组与进展组被试对社区环保组织参与展现的负向溢出之间也无显著差异。

二、行为溢出的发生路径检验

研究进一步检视行为溢出的发生路径。"自我推断"模型指出，环保目标承诺感与自我环保身份承诺感是解释行为溢出的两类关键机制：初始环保实践对两类机制的积极作用将促生正向溢出，而消极影响将诱发负向溢出。图4-3首先直观比较了各组在两类承诺感上的差异。相比对照组，四类干预组被试普遍展现了更低的环保目标承诺感，且回忆组与经济组被试表现得最明显。此外，干预组被试对自我环保身份的承诺感也更弱，其中回忆组被试的承诺水平最低。以上证据初步支持了两类承诺感是负向溢出发生的关键路径。

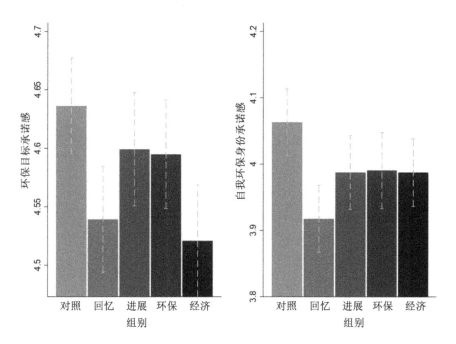

图4-3　两类承诺感的组间差异

注：虚线代表均值的95%置信区间。

接下来进行正式的中介效应分析。遵循Baron和Kenny（1986）提出的"逐步法"检验流程，本研究运用 OLS 模型对实验分组（自变量）与两类承诺感知（中介变量）之间的关系进行检验，并使用定序 Logistic 模型检验分组变量与承诺感对公共环保行为（因变量）的共同影响。年龄与受教育程度作为控制变量被纳入方程。同样地，研究使用广义结构方程模型对上述方程组进行统一估计。检验结果如表 4-5 所示。

表 4-5　行为溢出中介机制的"逐步法"检验结果（$N=4253$）

	环保目标承诺	自我环保身份承诺	垃圾计量收费政策支持度	城市垃圾处理站支持度	社区垃圾处理站支持度	社区环保组织参与意愿	社区环保捐赠意愿
回忆组	-0.100^{**}	-0.132^{***}	-0.124	-0.141	$-0.173^{\hat{}}$	-0.121	-0.050
	(0.031)	(0.036)	(0.087)	(0.091)	(0.088)	(0.086)	(0.085)
进展组	-0.036	$-0.064^{\hat{}}$	-0.065	-0.091	0.051	$-0.149^{\hat{}}$	-0.089
	(0.032)	(0.038)	(0.089)	(0.095)	(0.088)	(0.090)	(0.088)
环保组	-0.043	$-0.068^{\hat{}}$	-0.118	-0.136	0.043	-0.024	0.033
	(0.032)	(0.039)	(0.087)	(0.093)	(0.089)	(0.092)	(0.085)
经济组	-0.116^{***}	$-0.067^{\hat{}}$	-0.110	-0.215^{*}	0.105	0.063	-0.114
	(0.032)	(0.036)	(0.086)	(0.091)	(0.086)	(0.087)	(0.087)
目标承诺			0.230^{***}	0.792^{***}	0.121^{**}	0.487^{***}	0.627^{***}
			(0.047)	(0.060)	(0.045)	(0.051)	(0.058)
身份承诺			0.298^{***}	0.264^{***}	0.475^{***}	0.628^{***}	0.224^{***}
			(0.044)	(0.047)	(0.045)	(0.047)	(0.042)
年龄	0.003^{***}	0.008^{***}	0.006^{*}	0.002	0.008^{**}	0.0112^{***}	0.001
	(0.001)	(0.001)	(0.003)	(0.003)	(0.003)	(0.003)	(0.003)
受教育程度	0.048^{***}	0.014	0.023	-0.020	-0.113^{***}	-0.107^{***}	0.112^{***}
	(0.009)	(0.011)	(0.024)	(0.026)	(0.024)	(0.025)	(0.025)
截距项	4.282^{***}	3.614^{***}					
	(0.079)	(0.093)					

注：括号内为稳健标准误；$\hat{}$表示 $p < 0.1$；*表示 $p < 0.05$；**表示 $p < 0.01$；***表示 $p < 0.001$；定序 Logistic 回归模型中临界点系数估计值本表不再展示。

表 4-5 显示，与对照组相比，回忆组与经济组被试的环保目标承诺感更低；同时回忆组被试也展示了更弱的自我环保身份承诺感。此外，当心

理感知与实验分组变量同时被纳入回归模型后，两类承诺与各类公共行为均具有显著的正向关联。综上，对回忆组被试而言，实验干预通过减弱个体的环保目标承诺与身份承诺，进而对所有公共行为产生负向作用；对于经济组被试而言，实验干预通过削弱个体目标承诺进而对各类公共行为产生负向影响。这一方面解释了表4-4中两组被试展现出的负向溢出效应，另一方面也表明在未受到回忆组与经济组实验干预影响的公共行为上，负向溢出路径同样存在，但没有转换为显著的负向溢出总效应。此外，两类承诺不受到进展组实验干预的影响，因此它们无法解释进展组被试在社区环保组织参与意愿上展示的负向溢出。

　　尽管"逐步法"的一类错误率低，但检验效力上仍存在不足，可能得到中介路径实际显著但"逐步法"检验结果不显著的结论（Fritz & MacKinnon, 2007; 温忠麟和叶宝娟，2014）。本研究使用"乘积法"再次检验行为溢出的中介效应，并计算中介路径的效应量。具体而言，研究使用偏差校正的非参数百分位 Bootstrap 法，构建自变量（实验干预）对中介变量（两类承诺感）作用系数与中介变量对因变量（公共环保行为）作用系数的乘积的95%置信区间，通过检查区间是否包含零值判断中介效应的显著性（若包含则不显著）。Bootstrap 重复取样样本设定为5000。在中介效应量的计算上，由于研究中自变量与中介变量的回归系数不在同一量尺（自变量回归系数为连续变量量尺，中介变量回归系数为 Logit 量尺），因此中介效应大小无法通过将两类系数简单相乘得到。研究遵照 MacKinnon（2008）、刘红云等（2013）的建议，对两类回归系数均进行标准化转换，保证系数之间的等量尺化。显著路径的汇总结果如表4-6所示，完整检验结果见附表 A-1。

表4-6 行为溢出中介机制的"Bootstrap法"显著结果汇总（N=4253）

中介路径	效应量及其95%置信区间
回忆组→目标承诺→垃圾计量收费支持度	−0.005 [−0.010, −0.002]
回忆组→目标承诺→城市垃圾分处理站支持度	−0.017 [−0.028, −0.007]
回忆组→目标承诺→社区垃圾分处理站支持度	−0.003 [−0.006, −0.001]
回忆组→目标承诺→社区环保组织参与意愿	−0.010 [−0.018, −0.004]
回忆组→目标承诺→社区环保捐赠意愿	−0.014 [−0.024, −0.006]
回忆组→身份承诺→垃圾计量收费支持度	−0.009 [−0.015, −0.004]
回忆组→身份承诺→城市垃圾分处理站支持度	−0.008 [−0.013, −0.003]
回忆组→身份承诺→社区垃圾分处理站支持度	−0.014 [−0.022, −0.006]
回忆组→身份承诺→社区环保组织参与意愿	−0.018 [−0.027, −0.008]
回忆组→身份承诺→社区环保捐赠意愿	−0.007 [−0.011, −0.003]
经济组→目标承诺→垃圾计量收费支持度	−0.006 [−0.010, −0.003]
经济组→目标承诺→城市垃圾分处理站支持度	−0.019 [−0.031, −0.009]
经济组→目标承诺→社区垃圾分处理站支持度	−0.003 [−0.007, −0.001]
经济组→目标承诺→社区环保组织参与意愿	−0.012 [−0.019, −0.005]
经济组→目标承诺→社区环保捐赠意愿	−0.015 [−0.025, −0.007]
经济组→身份承诺→垃圾计量收费支持度	−0.004 [−0.010, <0]
经济组→身份承诺→城市垃圾分处理站支持度	−0.004 [−0.008, <0]

注：括号外的数字代表中介效应量的点估计值，括号内的数字代表该效应量的95%置信区间；该表仅显示检验结果中的显著路径；较小数字用"＞0"或"＜0"简单表示数值方向。

与"逐步法"检验结果一致，环保目标承诺与自我环保身份承诺所中介的两条负向路径连接了回忆组实验干预与各类公共行为，其中，城市垃圾处理站支持、社区垃圾处理站支持及社区志愿组织参与受到回忆组实验干预的负向溢出影响，因此，两类承诺是解释回忆组被试展现的三例负向溢出的关键机制。此外，当控制两类承诺感后，回忆组干预也对社区垃圾处理站支持度有直接的负向影响，这表明也有其他未被检测的路径促成了两者之间的负向溢出。对于垃圾计量收费政策支持度与社区环保捐赠意愿，尽管两类负向溢出路径也被检测到，但由于路径较弱而未能促使回忆组被试展现显著的负向溢出效应。对于经济组，目标承诺路径连接了实验干预与各类环保行为，同时"乘积法"检验结果额外表明身份承诺也是经济组变量与两类行为（计量收费支持、垃圾处理站支持）之间的负向溢出路径。这些结果表明，两类承诺与其他因素解释了经济组干预对垃圾处理站支持的负向溢出，目标承诺解释了经济组干预对环保捐赠的负向溢出。对于其余三类行为，承诺感构成的负向溢出路径较弱而无法促使经济组干预产生总的负向溢出。最后，与"逐步法"检验结果一致，两类承诺感无法解释进展组干预对社区志愿组织参与的负向溢出。

综上，在第一小节中发现的负向行为溢出现象基本能被两类承诺感机制所解释，这些证据为"自我推断"模型的合理性提供了充分的支持。然而，中介效应检验结果也表明，"进展组"被试展现的负向溢出无法通过两类承诺机制予以解释。

三、行为溢出的影响因素检验

第三章的理论分析表明个体价值观念、环保行为属性、行为干预政策及社会情境因素会左右个体"自我推断"的视角，进而影响行为溢出的具体形态。通过对环保组与经济组实验干预效果的分析，研究发现强调垃圾分类环保价值这一政策框架不会引发负向溢出，而凸显垃圾分类经济价值这一干预手段则会诱发负向溢出。因此，政策干预模式对行为溢出的影响已经得到检验。接下来对其他影响因素展开细致检视。

（一）个体价值优先度

首先对个体的两类自我超越价值优先度展开调节效应分析。如本章第一节第三点所述，本研究整合了共 3261 位居民价值观数据与第二轮实验问卷数据，共形成了 20 套插补数据集。接下来在每套数据集上进行相同的调节效应分析，并依据鲁宾规则对获取的 20 套估计结果进行了合并，从而得到多重插补数据估计量。分析模型的具体设定与本章第二节的内容基本一致，即运用定序 Logistic 模型检验各类公共行为的组间差异，并使用广义结构方程模型对方程组进行统一估算。在模型中，自变量包括实验分组虚拟变量。同时，模型也纳入了价值优先度及其与各实验分析变量的交互项，以检验价值优先度的调节效应。此外，由于数据合并中存在的样本流失问题，各组平衡性可能受到进一步破坏，模型因此控制了受访者被测量的所有社会人口属性（性别、年龄、受教育程度与政治面貌）。

表 4-7 展示了利他价值优先度对行为溢出的调节效应检验结果。对同时参与两轮调查的居民样本，当控制价值优先度及交互项后，行为负向溢出仅发生在回忆组与经济组被试的垃圾处理站支持意愿上。同时，"利他价值优先度 * 回忆组"是系数唯一显著的交互项，其表明"回忆组"实验干预对垃圾计量收费政策支持度的影响受到了利他价值优先度的正向调节。对于该交互项，研究进一步展开简单斜率分析（simple slope analysis）查看各类优先度条件下回忆组干预的行为影响力。结果表明，当个体利他价值优先度处于高水平（高于均值一个标准差）时，回忆组干预对计量收费政策支持度的影响为正但不显著（$\beta=0.112$，$p=0.439$）；当利他价值优先度处于平均水平（均值）时，干预影响为负但不显著（$\beta=-0.114$，$p=0.262$）；当利他价值优先度处于低水平（低于均值一个标准差）时，干预产生的负向影响达到显著水平（$\beta=-0.341$，$p=0.018$）。因此，回忆组的低利他价值倾向被试在计量收费政策支持度上表现出了负向溢出效应。

表 4-7 利他价值优先度对行为溢出的调节效应检验结果（N=3261）

项目	垃圾计量收费政策支持度	城市垃圾处理站支持度	社区垃圾处理站支持度	社区环保志愿组织参与意愿	社区环保捐赠意愿
回忆组	−0.114	−0.205*	−0.180^	−0.164^	−0.129
	(0.102)	(0.104)	(0.101)	(0.099)	(0.100)

项目	垃圾计量收费政策支持度	城市垃圾处理站支持度	社区垃圾处理站支持度	社区环保志愿组织参与意愿	社区环保捐赠意愿
进展组	-0.057	-0.100	0.065	-0.140	-0.072
	(0.104)	(0.113)	(0.104)	(0.104)	(0.102)
环保组	-0.103	-0.162	0.178^	0.003	-0.005
	(0.101)	(0.107)	(0.099)	(0.104)	(0.098)
经济组	-0.134	-0.309**	0.120	0.038	-0.152
	(0.100)	(0.105)	(0.098)	(0.099)	(0.100)
利他价值优先度	-0.018	0.023	-0.025	0.033	0.036
	(0.063)	(0.067)	(0.059)	(0.061)	(0.061)
利他价值优先度 * 回忆组	0.184*	<0.001	-0.037	-0.057	-0.033
	(0.084)	(0.088)	(0.084)	(0.080)	(0.082)
利他价值优先度 * 进展组	0.088	0.081	0.094	0.058	0.008
	(0.085)	(0.093)	(0.088)	(0.086)	(0.085)
利他价值优先度 * 环保组	0.009	-0.017	-0.057	-0.040	-0.058
	(0.085)	(0.090)	(0.083)	(0.087)	(0.080)
利他价值优先度 * 经济组	-0.033	-0.024	0.065	-0.022	0.085
	(0.084)	(0.088)	(0.083)	(0.087)	(0.085)
女性	0.056	-0.121^	-0.109^	0.182**	-0.043
	(0.063)	(0.067)	(0.063)	(0.064)	(0.063)
年龄	0.007*	0.006^	0.010**	0.010**	-0.003
	(0.003)	(0.003)	(0.003)	(0.003)	(0.003)
受教育程度	0.026	0.028	-0.120***	-0.155***	0.045
	(0.030)	(0.031)	(0.029)	(0.030)	(0.030)
中共党员	0.149*	0.170*	0.285***	0.619***	0.684***
	(0.076)	(0.083)	(0.074)	(0.077)	(0.081)

注：本表展示了多重插补数据检验结果的合并估计量，括号内为稳健标准误；^表示 $p < 0.1$ ；*表示 $p < 0.05$ ；**表示 $p < 0.01$ ；***表示 $p < 0.001$ ；定序 Logistic 回归模型中临界点系数估计值本表不再展示。

那么，这一负向溢出是因为低利他价值倾向被试更倾向采用目标进展视角检视过往垃圾分类行为而造成的吗？如果是，回忆组的实验干预对两类承诺的负向影响将在低利他价值倾向被试身上表现得更加明显。为回答这一问题，研究进一步展开有调节的中介效应分析（moderated mediation anlysis）。模型设定与本章第二节的"逐步法"中介效应检验流程基本一致，但额外加入价值优先度及其与各实验分组变量的交互项。检验的核心结果如图 4-4 所示，完整结果见附表 A-3。

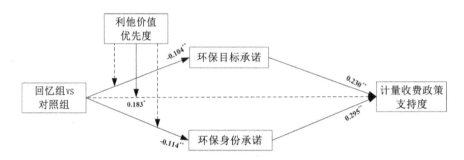

图 4-4　利他价值优先度对溢出路径的调节效应检验结果

注：N=3261；本图展示了多重插补数据检验结果的合并估计量；实线代表在 0.05 水平上显著的路径，虚线代表不在 0.05 水平上显著路径；* 表示 $p < 0.05$；** 表示 $p < 0.01$。

检验结果说明，利他价值优先度并未对回忆组实验干预与两类承诺之间的关系产生显著影响，而是促使原本不显著的直接路径转为正向显著。这一第三方路径抵消了两类承诺中介的负向溢出路径，进而阻止了"回忆组"干预对计量收费政策支持的负向溢出。换言之，无论个体的利他价值倾向如何，两类承诺所中介的负向溢出路径总是存在，但对于高利他倾向的被试而言，存在第三方因素抵消了两类负向溢出路径，从而导致他们呈现总的负向溢出效应。

表 4-8 展示了生态保护价值观对行为溢出的调节效应检验结果。与利他价值优先度检验结果类似，负向溢出仅发生在回忆组与经济组被试的垃圾处理站支持度上。同时，生态保护价值优先度与各干预变量的交互项均不显著，故个体生态保护价值优先度对实验干预的溢出效应没有影响。

表 4-8 生态保护价值优先度对行为溢出的调节效应检验结果（N=3261）

项目	垃圾计量收费政策支持度	城市垃圾处理站支持度	社区垃圾处理站支持度	社区环保志愿组织参与意愿	社区环保捐赠意愿
回忆组	-0.119	-0.206*	-0.181^	-0.164^	-0.132
	(0.102)	(0.104)	(0.101)	(0.099)	(0.100)
进展组	-0.058	-0.101	0.061	-0.141	-0.077
	(0.104)	(0.113)	(0.104)	(0.104)	(0.102)
环保组	-0.101	-0.162	0.180^	0.002	-0.003
	(0.101)	(0.107)	(0.099)	(0.104)	(0.097)
经济组	-0.137	-0.306**	0.119	0.038	-0.148
	(0.100)	(0.106)	(0.098)	(0.099)	(0.100)
生态保护价值优先度	-0.050	-0.012	-0.036	0.020	0.020
	(0.062)	(0.059)	(0.056)	(0.054)	(0.062)
生态价值优先度*回忆组	0.151^	0.030	0.035	-0.031	-0.001
	(0.080)	(0.084)	(0.080)	(0.078)	(0.085)
生态价值优先度*进展组	0.122	0.084	0.122	0.029	0.049
	(0.089)	(0.090)	(0.086)	(0.089)	(0.085)
生态价值优先度*环保组	0.070	0.046	-0.071	-0.080	-0.005
	(0.081)	(0.082)	(0.077)	(0.079)	(0.082)
生态价值优先度*经济组	-0.009	0.065	0.030	-0.003	0.095
	(0.083)	(0.084)	(0.079)	(0.081)	(0.085)
女性	0.055	-0.123^	-0.111^	0.184**	-0.049
	(0.063)	(0.067)	(0.063)	(0.064)	(0.063)
年龄	0.008*	0.006^	0.010**	0.011***	-0.003
	(0.003)	(0.003)	(0.003)	(0.003)	(0.003)
受教育程度	0.028	0.029	-0.118***	-0.152***	0.045
	(0.030)	(0.031)	(0.030)	(0.030)	(0.030)
中共党员	0.153*	0.173*	0.283***	0.618***	0.687***
	(0.075)	(0.083)	(0.074)	(0.077)	(0.081)

注：本表展示了多重插补数据检验结果的合并估计量，括号内为稳健标准误；^ 表示 $p < 0.1$；* 表示 $p < 0.05$；** 表示 $p < 0.01$；*** 表示 $p < 0.001$；定序 Logistic 回归模型中临界点系数估计值本表不再展示。

（二）环保行为属性

1. 过往垃圾分类水平

基于第二轮问卷数据，本研究检验了居民过往的垃圾分类参与程度是否会影响实验干预的溢出效应。分析模型与价值观调节效应检验模型基本一致，但将价值优先度替换为居民过往垃圾分类水平。检验结果如表4-9所示。结果表明，当控制个体的垃圾分类行为水平后，回忆组实验干预对五类公共行为均具有负向影响；进展组干预也与其中三类负相关；环保组被试对垃圾处理站的支持也展现出负向溢出；而经济组干预则仍对垃圾处理站的支持和环保捐赠意愿产生负向影响。然而，所有交互项均不显著，这表明居民过往的垃圾分类水平对实验干预效果不具有调节效应。附表A-4进一步说明，尽管控制垃圾分类行为后各实验干预变量对两类承诺的负面影响得到强化，但垃圾分类行为对行为溢出路径不具有显著影响。

表4-9 垃圾分类水平对行为溢出的调节效应检验结果（N=4253）

项目	垃圾计量收费政策支持度	城市垃圾处理站支持度	社区垃圾处理站支持度	社区环保志愿组织参与意愿	社区环保捐赠意愿
回忆组	-0.174*	-0.298**	-0.279**	-0.257**	-0.170*
	(0.088)	(0.091)	(0.088)	(0.087)	(0.086)
进展组	-0.121	-0.195*	-0.032	-0.273**	-0.177*
	(0.090)	(0.097)	(0.088)	(0.090)	(0.089)
环保组	-0.161^	-0.237*	-0.025	-0.151	-0.077
	(0.089)	(0.096)	(0.089)	(0.093)	(0.086)
经济组	-0.163^	-0.363***	0.017	-0.074	-0.232**
	(0.087)	(0.093)	(0.085)	(0.088)	(0.087)
垃圾分类水平	0.042	0.191***	0.177***	0.226***	0.225***
	(0.055)	(0.054)	(0.053)	(0.053)	(0.050)
垃圾分类水平＊回忆组	0.040	0.028	-0.136^	-0.140^	-0.131^
	(0.077)	(0.077)	(0.075)	(0.074)	(0.072)
垃圾分类水平＊进展组	0.141^	0.027	0.018	-0.017	-0.081
	(0.078)	(0.082)	(0.075)	(0.075)	(0.075)

续表

项目	垃圾计量收费政策支持度	城市垃圾处理站支持度	社区垃圾处理站支持度	社区环保志愿组织参与意愿	社区环保捐赠意愿
垃圾分类水平＊环保组	0.117	0.044	−0.092	−0.044	−0.014
	(0.076)	(0.078)	(0.074)	(0.079)	(0.073)
垃圾分类水平＊经济组	0.057	−0.0001	−0.057	−0.078	−0.079
	(0.075)	(0.077)	(0.073)	(0.074)	(0.072)
女性	0.0757	−0.081	−0.120*	0.245***	0.010
	(0.055)	(0.059)	(0.055)	(0.056)	(0.055)
年龄	0.006*	0.002	0.008**	0.009***	−0.003
	(0.003)	(0.003)	(0.003)	(0.003)	(0.003)
受教育程度	0.018	−0.006	−0.130***	−0.139***	0.063*
	(0.026)	(0.028)	(0.026)	(0.026)	(0.026)
中共党员	0.171**	0.168*	0.251***	0.535***	0.599***
	(0.066)	(0.074)	(0.066)	(0.068)	(0.071)

注：括号内为稳健标准误差；^表示 $p < 0.1$；*表示 $p < 0.05$；**表示 $p < 0.01$；***表示 $p < 0.001$；定序 Logistic 回归模型中临界点系数估计值本表不再展示。

2. 后续行为难度

研究继续考察后续行为的难易程度对行为溢出的潜在影响。实验问卷并未测量居民对五类公共环保行为的难度感知，但由于居民自愿参与高难度行为的意愿普遍较低（Steg et al., 2014），因此本研究基于未受到任何实验干预的对照组居民数据，通过比较行为水平之间的差异，以间接反映行为之间的难度差异。使用 Tukey–Kramer 法得到的两两比较结果如表 4–10 所示。根据行为水平的比较结果，推测行为难度由低到高的排序为：支持城市垃圾处理站修建、参与社区环保志愿组织、支持垃圾计量收费政策或社区垃圾处理站修建（两者之间无显著差异）、向社区环保事业进行捐赠。综合行为溢出的检验结果可发现，各类行为均受到特定实验干预的负向溢出影响，但总体而言在难度越高的行为上发现负向溢出的证据越少，且负向溢出中介路径的效应量更小（尤其对不接受信息反馈的"回忆组"被试更是如此）。因此这里推测，负向溢出对后续高难度公共环保行为发生的可能更小、影响更弱。

表 4-10　对照组被试各类公共行为参与意愿均值的两两比较结果（*N*=853）

行为 1	行为 2	行为 1 均值	行为 2 均值	均值差	TK-test
计量收费政策支持	城市垃圾处理站支持	3.081	4.277	1.196	24.738*
计量收费政策支持	社区垃圾处理站支持	3.081	3.082	0.001	0.024
计量收费政策支持	社区环保组织参与	3.081	3.689	0.608	12.587*
计量收费政策支持	社区环保捐赠	3.081	2.341	0.740	15.303*
城市垃圾处理站支持	社区垃圾处理站支持	4.277	3.082	1.195	24.713*
城市垃圾处理站支持	社区志愿组织参与	4.277	3.689	0.587	12.151*
城市垃圾处理站支持	社区环保捐赠	4.277	2.341	1.936	40.041*
社区垃圾处理站支持	社区志愿组织参与	3.082	3.689	0.607	12.563*
社区垃圾处理站支持	社区环保捐赠	3.082	2.341	0.741	15.328*
社区志愿组织参与	社区环保捐赠	3.689	2.341	1.348	27.890*

注：* 表示 $p < 0.05$。

3. 社区环保规范

如前文所述，研究利用第一轮调查问卷数据对社区层面的居民环保规范进行了测量。同时，共 4170 位参与第二轮调查的居民的所属社区信息可以被辨识，他们分别来自 117 个社区。研究依据这些社区的环保规范数据的均值，将它们划分为强环保规范社区（社区环保规范程度高于平均水平）与弱环保规范社区（社区环保规范程度低于平均水平），并相应设置一个虚拟变量代表强环保规范社区（1= 是，0= 否）。检验模型与价值观检验模型基本一致，但将价值优先度替换为相应的社区环保规范虚拟变量。

表 4-11 展示了社区环保规范对行为溢出的调节效应检验结果。结果表明，当控制社区环保规范及其交互项后，各实验干预对公共行为基本不存在影响，但有四处证据表明干预的行为影响力受到了社区环保规范的负向调节。具体而言，回忆组实验干预与环保规范的交互项对志愿组织参与和环保捐赠意愿均具有显著的负向影响，而环保组干预与规范的交互项、经济组干预与规范的交互项对社区垃圾处理站支持产生了负向影响。表 4-12 汇总了简单斜率分析结果。该表显示，对环保规范程度高的社区居民

而言，实验干预的负向影响更强。

表 4-11　社区环保规范对行为溢出的调节效应检验结果（*N*=4170）

项目	垃圾计量收费政策支持度	城市垃圾处理站支持度	社区垃圾处理站支持度	社区环保志愿组织参与意愿	社区环保捐赠意愿
回忆组	−0.093	−0.233^	−0.123	−0.003	0.059
	(0.126)	(0.134)	(0.124)	(0.121)	(0.119)
进展组	0.055	−0.037	0.145	−0.076	0.003
	(0.130)	(0.135)	(0.128)	(0.127)	(0.124)
环保组	−0.089	−0.166	0.207	−0.007	0.125
	(0.124)	(0.133)	(0.126)	(0.128)	(0.122)
经济组	−0.046	−0.235^	0.237*	0.093	−0.115
	(0.124)	(0.125)	(0.119)	(0.120)	(0.123)
强社区环保规范	0.214	0.179	0.225^	0.295*	0.233^
	(0.140)	(0.140)	(0.131)	(0.131)	(0.124)
强环保规范*回忆组	−0.125	0.009	−0.224	−0.393*	−0.350*
	(0.183)	(0.199)	(0.180)	(0.176)	(0.173)
强环保规范*进展组	−0.280	−0.205	−0.248	−0.272	−0.243
	(0.188)	(0.203)	(0.188)	(0.185)	(0.177)
强环保规范*环保组	−0.089	0.008	−0.375*	−0.140	−0.261
	(0.178)	(0.196)	(0.190)	(0.189)	(0.174)
强环保规范*经济组	−0.194	−0.193	−0.453*	−0.240	−0.139
	(0.179)	(0.189)	(0.178)	(0.181)	(0.178)
女性	0.094^	−0.052	−0.100^	0.265***	0.039
	(0.055)	(0.059)	(0.056)	(0.057)	(0.056)
年龄	0.006*	0.003	0.009**	0.010***	−0.002
	(0.003)	(0.003)	(0.003)	(0.003)	(0.003)
受教育程度	0.016	0.001	−0.130***	−0.135***	0.064*
	(0.026)	(0.027)	(0.026)	(0.026)	(0.026)
中共党员	0.186**	0.206**	0.294***	0.556***	0.641***
	(0.068)	(0.074)	(0.066)	(0.069)	(0.072)

注：本表展示了多重插补数据检验结果的合并估计量，括号内为稳健标准误差；^ 表示 $p < 0.1$；* 表示 $p < 0.05$；** 表示 $p < 0.01$；*** 表示 $p < 0.001$；定序 Logistic 回归模型中临界点系数估计值本表不再展示。

表 4-12　社区环保规范调节效应的简单斜率分析结果汇总

	条件	β 系数	p 值
"回忆组"干预→环保志愿组织参与意愿	弱社区环保规范	-0.003	0.979
	强社区环保规范	-0.396	0.002
"回忆组"干预→环保捐赠意愿	弱社区环保规范	0.059	0.620
	强社区环保规范	-0.291	0.019
"环保组"干预→社区垃圾处理站支持	弱社区环保规范	0.207	0.101
	强社区环保规范	-0.168	0.214
"经济组"干预→社区垃圾处理站支持	弱社区环保规范	0.237	0.046
	强社区环保规范	-0.215	0.098

　　研究进一步展开有调节的中介效应分析，以检验环保规范对行为负向溢出的催化作用是否因为其强化了两类承诺所中介的负向溢出路径。图4-5 展示了本研究的核心发现，表 A-5 记载了完整的回归结果。检验结果表明：（1）在社区环保规范对回忆组干预效果的调节效应上，尽管环保规范对回忆组与环保目标承诺之间的关系有负向调节作用，但该作用仅为边际显著。更重要地，社区环保规范会强化第三方路径，促生回忆组实验干预对志愿组织参与和环保捐赠的消极影响。（2）在环保规范对环保组干预效果的调节效应上，强环保规范削弱了环保组干预对社区垃圾站支持的第三方正向路径，从而导致环保组干预效果由正转负（见表 4-12）。（3）环保规范对经济组干预效果的调节机理更为复杂。一方面，强环保规范会弱化经济组实验干预对环保目标承诺的负向影响，进而减弱负向溢出发生的可能；另一方面，强规范又会促生第三方负向路径，进而诱发负向溢出。在两类机的制综合作用下，强环保规范促使经济组实验干预对社区垃圾处理站支持意愿的影响由正转负（见表 4-12）。

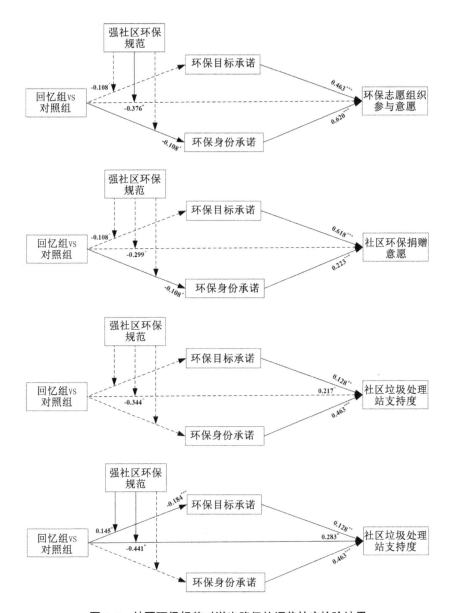

图4-5 社区环保规范对溢出路径的调节效应检验结果

注：*N*=4170。本图展示了多重插补数据检验结果的合并估计量；实线代表在0.05水平上显著的路径，虚线代表不在0.05水平上显著路径；^表示*p* < 0.1；*表示*p* < 0.05；** 表示*p* < 0.01；*** 表示*p* < 0.001。

第三节 讨 论

一、目标进展:"自我推断"的默认视角

研究发现,仅接受垃圾分类提示干预的回忆组被试展现出了较为强烈的负向溢出倾向。相比对照组,回忆组居民在受检验的五类公共行为上均展示出了更低的支持或参与意愿,且下降趋势在其中三类行为(城市垃圾处理站支持、社区垃圾处理站支持、社区环保志愿组织参与)上达到显著水平,在一类行为(垃圾计量收费政策支持)上达到边际显著水平,下降程度达到15%~22%。这些证据表明,当居民回忆自己过往的垃圾分类经历后,更不倾向于参与其他公共环保事务。这一结果与Werfel(2017)的调查实验研究一致。作者基于日本全国网络用户的大样本问卷数据,发现当被试回忆起自己以往的节电行为后,更不倾向于支持政府的碳税政策,且下降程度达到15%。因此,回忆过往环保行为本身就能够减弱行为主体参与后续行为的意愿。类似地,Truelove等(2016)针对个体实际行为展开操纵的研究也表明,践行垃圾分类投放行为对校园环保基金计划的支持度具有负向溢出。

这一自发的负向溢出趋势符合目标理论及其经验研究对个体基本行为模式的刻画:当主要目标完成或部分完成后,该目标的认知可及性将显著下降,而之前受到抑制的、与主目标冲突的竞争目标将"自动"回到人们的视野中,个体因此转向追求竞争目标(Dhar & Simonson, 1999; Fishbach & Dhar, 2005; Fishbach et al., 2006; Fishbach, Ratner et al., 2011; Fishbach & Shaddy, 2016; Fishbach et al., 2009)。换言之,目标进展视角是个体"自我推断"过程中审视过往行为时采取的自发视角(Susewind & Hoelzl, 2014):追求多样性的天然偏好促使个体不断采取目标平衡策略,从而在连续决策过程中实现多重目标追求的效用最大化(Dolan & Galizzi, 2015)。对回忆组

干预效果的中介效应分析为这一论断提供了直接的证据支持。检验结果显示，过往环保行为回忆对两类承诺感的负向影响构成了促使行为负向溢出发生的关键路径。这一发现与假设 2a 与 2b 一致，并且这意味着个体在目标进展视角下，将垃圾分类实践作为环保目标已实现、自己可以转向追求其他私益目标的证据，因此降低了对环保目标重要性与环保身份重要性的感知。然而，由于调查实验并未发现正向溢出现象，假设 1a 与 1b 无法得到检验。

一些基于回忆法的研究却表明，当个体回忆过往环保行为后，正向溢出现象仍会发生（Cornelissen et al., 2008; Lacasse, 2015; van der Werff et al., 2013a, 2014b）。造成本研究发现与既有研究结论之间不一致的原因可能在于：首先，这类研究往往要求被试确认过往多类不同的环保行为。这样的操纵方式使环保实践对自身环保偏好的诊断性更高，释放的承诺信号也越强，也更易促生正向溢出（van der Werff et al., 2014a）。相反，本研究旨在检验垃圾分类推广过程中个体的分类实践对其他行为的溢出效应，因此仅提示为被试回忆过往的垃圾分类行为。类似地，Werfel（2017）的研究基于日本全国节电运动的背景，仅帮助被试回忆过往的家庭节电实践。因此，对单一行为回忆的操纵更易产生负向溢出。需要说明的是，本研究采用的操纵方式意图尽可能"还原"环保运动或政策中产生的行为溢出现象，并非刻意强化初始行为的诊断性功能，因此研究结论的外部效度更高。

其次，在部分发现正向溢出的研究中，对照组被试也会接受实验干预。研究者往往利用操纵技术减弱个体对自身环保行为实践的感知程度（van der Werff et al., 2014b），甚至帮助被试回忆以往的环境危害行为（Lacasse, 2015）。这类实验设计缺乏不接受干预的真正对照组，研究的内部效度值得商榷（Mullen & Monin, 2016）。这是因为，当提醒被试回忆过往的目标违背行为后，他们可能形成"破罐子破摔"的心态，推测该目

标对自己的重要性很低，从而更不愿意参与其他目标一致行为（Dolan &
Galizzi, 2015; Fishbach & Dhar, 2005; Fishbach et al., 2006）。这类负向一致效
应已经被既往研究所证实。例如，"负向登门槛"效应发现，如果人们已经
拒绝了初始要求，他们尔后服从其他要求的可能性更低（DeJong, 1979）；
又如"What-the-hell"效应指出，初始的目标相悖行为可能会加剧后续的目
标违背行为（Herman & Polivy, 2010）。因此，被提示环保违背行为的被试
可能会展现负向一致倾向，这使他们后续的环保意愿要比真正的对照组更
低。当他们成为干预组所比较的对象时，对过往环保行为进行提示的实验
干预更易产生积极影响，尽管干预本身的实际效果可能较小。

二、行为干预政策的框架效应

实验在操纵行为回忆的基础上，检验了三类信息反馈干预对行为溢出
的影响，它们是当前社区展开居民垃圾分类动员时采取的主流政策框架。
其中，环保框架通过强调垃圾分类的环保价值，旨在能够激活受众的环保
目标感知。同时，该框架也为受众贴上了"环保主义者"的标签，意图提
高垃圾分类行为的诊断性功能。预设认为，这些干预手段有助于促使被试
采用目标承诺视角，进而产生正向溢出。然而数据结果表明，尽管环保框
架下被试并未展现出负向溢出，但这一干预也没有促生正向溢出，因此假
设 5a 在调查实验中并未得到支持。进一步的中介效应分析发现，环保框
架并未对个体的两类承诺感产生影响。环保框架未能产生正向溢出的可能
原因有：首先，研究检验的公共行为本身难度较高，同时问卷在设计上有
意披露个体参与公共行为所要承担的成本，这可能进一步加剧了被试对
公共行为的难度感知。在面临难度较高的环保行为时，个体的自利倾向也
会被无意识激活（Steg et al., 2014），这可能抵消了环保框架对个体规范目
标的激活效果。同时，由于被试在接受环保框架反馈后首先需要回答公共

行为参与意愿，在作答过程中，私益目标的同时激活可能削弱了环保目标的力量，环保框架对两类承诺的即时强化作用不复存在，因此无法在后续心理变量测量中得以体现。其次，自我环保身份承诺是一个相对稳定的构念，深受个体基本价值观念的影响而不易得到强化（van der Werff & Steg, 2018），而本研究的干预仅实施在一次性的问卷调查中，这一即时信息反馈对自我环保身份承诺的积极作用可能十分有限。类似地，一些实验研究也表明环保框架或环保身份标签技术对个体自我环保身份认同及行为溢出无影响（Eby et al., 2019; Fanghella et al., 2019; van der Werff & Steg, 2018）。

经济框架通过凸显垃圾分类的经济属性，可能降低垃圾分类行为对受众内在环保偏好的诊断性，并进一步激活个体的私益目标。因此预设认为，经济框架将进而诱发负向溢出的发生。检验结果表明，经济组被试在城市垃圾处理站支持与社区环保捐赠意愿上展现出了显著的负向溢出，在计量收费政策上的负向溢出也达到了边际显著水平，故假设5b得到支持。同时中介效应分析显示，经济框架能够通过减弱被试的环保目标承诺与身份承诺感进而降低居民参与其他公共环保行为的意愿。具体而言，这一干预对目标承诺具有较强的消极影响，以至于目标承诺的负向溢出路径对所有公共行为均存在。同时干预对身份承诺也具有负面影响，这与van der Werff 和 Steg（2018）的发现一致，但该影响相对较弱，使身份承诺的负向溢出路径仅对少量行为发生。可能的原因是，一方面，本研究设计的经济激励干预是一类信息框架，干预的重点在于强调垃圾分类的金钱价值，更侧重对受众的私益目标的激活，从而削弱规范目标的认知可及性，因此目标承诺所中介的负向溢出路径也相应较强。另一方面，经济框架同时也促使受众对垃圾分类行为展开外部归因（Truelove et al., 2014），这降低了个体将过往环保实践与自我形象相挂钩的可能，故经济信息框架本身对自我环保身份承诺的影响较小。最终，由于身份承诺路径强度较弱，经济框架并未对所有公共行为展现负向溢出效应。

此外，研究也检验了进展框架对个体行为的影响。该框架向被试强调垃圾分类行为有效改善了城市垃圾污染问题，意图通过突出垃圾分类在实现环保目标上的有效性以激活个体的目标进展视角，进而诱发负向溢出。检验结果显示，这一干预框架仅对社区志愿组织参与意愿产生负向影响。这可能是因为进展框架在突出垃圾分类有效性的同时，也间接反映了该行为背后的环保价值，因此类似于环保框架，这一特性阻止了负向溢出的显现。然而，由于社区志愿组织的主要任务之一是负责社区垃圾分类的宣传，因此该行为与日常垃圾分类参与行为的相似度较高，此时"进展组"的被试更可能将两类行为视为实现垃圾分类目标的相同手段，故采取目标平衡策略的倾向更强（Chatelain et al., 2018; Dhar & Simonson, 1999），从而促使进展框架对志愿组织参与行为产生了负向影响。此外，中介效应分析进一步表明，两类承诺感并不是解释这一例负向溢出的关键机制。由于进展框架直接作用于受众的环保目标进展感知（perceived goal progress），因此对两类承诺的影响可能并不明显。如目标自我调节等相关研究发现，当直接对个体的目标进展视角进行干预时，被试对过往行为所追求的目标的进展或完成感会更加强烈，目标进展感知的强化会促使个体认为自己没有必要再继续追求该目标，进而造成前后行为的偏离（Fishbach & Dhar, 2005; Fishbach et al., 2006）。因此在这一框架下，目标进展感知可能是解释负向溢出现象的主要路径。

三、个体价值观念

研究发现，个体的自我超越价值优先度对行为溢出基本无影响。具体而言，尽管利他价值优先度对回忆组干预与计量收费政策之间的关系具有正向调节作用，但简单斜率分析指出，该调节效应的具体模式为高水平利他价值优先度被试不展现出行为溢出，而低水平利他价值优先度被试展现出了负向溢出。因此，假设 3a 未受到证据支持。此外，生态保护价值优先度没有对行为溢出产生调节作用，故假设 3b 也无法得到佐证。个体价值观念对行为溢出影响微弱的可能原因是：第一，尽管价值观念是驱动个体行为的一类基本内在动力，并决定了具体目标的长期可及性，但价值的影响往往借助如认同、规范感知等具体心理感知得以实现（Steg et al.,2014），因此，价值观念对环保目标与行为的作用往往是一个间接且易受到具体情境因素干扰的过程（Boer & Fischer, 2013; Chan, 2019; Ling & Xu, 2020; Verplanken & Holland, 2002; Verplanken et al., 2009; Verplanken et al., 2008）。换言之，价值观念的影响力本身并不稳定，当具体情境因素的干扰作用较强时，其对于环保目标认知可及性的影响可能会被抑制。这解释了为何本实验中各干预组被试的心理与行为表征基本没有受到价值优先度的影响。第二，由于研究样本中仍有千名居民的价值观念数据无法获得，因此样本流失可能也对检验的效度造成了一定影响。然而与本研究发现类似，Eby 等（2019）、van der Werff 等（2014b）的调查实验研究也未发现生态保护价值或与其密切相关的环境关心度对行为溢出的影响；Gholamzadehmir 等（2019）的实验研究更发现强环保态度的居民不会产生正向溢出，而弱环保态度的居民展现了负向溢出。这些证据在一定程度上支持了本研究结论的信度。尽管如此，未来研究应当加大对个体价值与行为溢出关系的检验力度，以确保本研究结果的可复制性。

中介效应分析进一步表明，利他价值优先度并不会影响两类承诺所中介的负向溢出路径，而个体利他价值感之所以对回忆组被试在垃圾计量收费政策支持度上展现出的溢出效应产生调节，是因为对于强利他倾向被试，回忆组干预产生了其他显著的正向路径，该路径抵消了负向溢出机制的消极影响，进而导致这部分被试并未展现总的负向溢出。针对这一现象，研究提出如下可能的解释：个体环保行为是其自我价值的表达（Chan, 2019; Ling & Xu, 2020），一般而言，居民的利他价值倾向越高，其参与环保等亲社会行为的内在倾向越强（Boer & Fischer, 2013; De Groot & Steg, 2008; Steg et al., 2012）。然而在参与集体行动过程中，个体往往又是"有条件的合作者"（Ostrom, 1990; Ostrom et al., 1994）。由于不希望自己的公共品供给行为被其他不作为的社群成员"搭便车"，高利他倾向居民只有在了解到其他人也会展开合作行为时，才会选择参与集体行动。换言之，利他价值与亲社会行为之间并不具有天然的一致性，社群成员的合作规范或人际信任会促使利他价值向环保行动的顺利转换（Tam & Chan, 2018）。提示个体过往环保行为可能会强化他们对"贡献伦理"的感知（Contribution Ethic），即强化了他们对公共品供给过程中公平性的诉求（Fanghella et al., 2019; Thøgersen & Crompton, 2009），这对于本身具有高利他倾向的被试可能更加明显。因此，回忆组的高利他倾向被试更可能展现出"有条件合作者"的特质。在研究纳入的政策提案和社区活动中，垃圾计量收费政策明确表明了"污染者付费"的原则，因此满足了回忆组高利他倾向被试对贡献公平性的诉求，故他们对该政策的支持度也相对更高。

四、行为属性

研究考察了五类公共行为难度对行为溢出的影响，发现难度越高的行为负向溢出现象越少。这一发现与假设4一致，即当面对后续高难度的环保行为时，个体的私益目标普遍更加强烈，此时经济理性是个体进行选择的主要依据，而不管之前有无参与环保行为。类似地，既有研究发现即使强环保倾向的个体也不愿参与高难度环保行为（Steg et al., 2014; Truelove et al., 2014）。故在这一情境中，行为成本过高导致私益目标成为主要决策依据，个体无须依据过往行为推断自身偏好，故初始环保行为对后续行为的影响不复存在，各类行为溢出发生的可能性都很小。然而需要说明的是，首先，调查实验测量的五类公共行为难度普遍较高，因此研究仅考察了行为溢出在"行为难度"高数值区间上的表现，并未检视溢出效应在难度维度上的全貌。其次，本研究并未对行为难度展开直接测量，仅是以未受到实验干预的对照组居民在各类行为上的参与意愿高低，对行为难度进行了推测。由于行为难度是一类异质性很强的主观感知变量，受到多方面因素形塑（Steg et al., 2014），未来研究应当直接对个体行为难度感知进行测量，从而准确考察该因素对行为溢出的影响。

研究还检验了过往垃圾分类实施水平对行为溢出的影响。结果表明，居民实际垃圾分类水平的高低并不会影响个体的自我推断过程与行为溢出形态。这可能是因为本研究采用回忆法直接操纵了被试的行为感知，该操纵效果较强，使干预组被试普遍意识到自己已经践行了垃圾分类，因此"挤出"了实际参与水平的影响。这一结果与 Werfel（2017）回忆操纵研究的发现一致。[1] 类似地，Fishbach 与 Dhar（2005）对个体体重感知的操纵实验也发现，无论被试的实际体重与理想体重之间的差距有多大，当个体感到自己已经接近理想体重时，其更可能采取目标进展视角，放弃追求体形目标而转向追求享乐目标（选择味道更好但热量更高的食品）。这些研究说明，触发自我推断机制的关键在于个体对过往行为的感知而非实际参与水平。

五、社区环保规范

研究发现多处证据支持社区环保规范对负向行为溢出的催化作用。具体而言，对于强环保规范社区的被试，垃圾分类行为的回忆操纵对两类社区环保活动参与意愿具有负向作用，同时环保框架与经济框架也对社区垃

---

[1] 尽管 Werfel（2017）认为被试过往节电水平越高，回忆法干预对居民碳税政策支持度的负向溢出越强，但在他的回归结果中，干预变量与节电行为的交互项的影响仅为边际显著。

坂处理站支持度产生了消极影响。相反，对于弱环保规范社区居民，这类负向溢出则不存在。因此，假设 6 得到验证。这些证据无疑支持了自我推断模型的合理性。简言之，社会规范强大的行为影响力更多来自外部社群压力对个体互惠行为的期许，以及对规范违背行为的社会惩罚，而个体在服从规范的过程中往往会抑制自己的私益偏好（Bardi & Schwartz, 2003; Eom et al., 2016; Lönnqvist et al., 2006; Ling & Xu, 2020; Tam & Chan, 2017）。当个体通过实施规范一致行为确证自身的规范性后，其可能更倾向于采用进展视角，并进一步追求自身的私益目标，负向溢出也由此显现（Lalot et al., 2018; Lalot et al., 2019）。

然而，围绕社会规范的调节效应展开的中介机制分析表明，尽管对于回忆组被试而言，社会规范的确在一定程度上强化了环保目标承诺所中介的负向溢出路径（见图 4-6），但社会规范对负向溢出的催化作用主要源于其对第三方负向路径的强化。由于社会规范本质是一个凸显个体与外部规范之间差距的社会比较过程，故当个体实施了规范一致行为后，其可能减弱对社会规范这一社群目标的承诺感，进而产生偏离行为。例如，Koo 等（2009）的研究发现，个体在参与集体事务时往往会首先考量社群目标对自己的重要性。同时，本研究发现环保规范对行为负向溢出的催化也主要对三类社区环保事务参与行为发生（加入社区环保志愿组织和环保捐赠的意愿、对修建社区垃圾处理站的支持）。因此，社群环保目标承诺可能是社会规范对行为溢出影响的关键机制。本研究仅检验了居民的个体目标承诺感机制，后续研究应当进一步探讨居民对社群规范目标的承诺感在行为溢出中扮演的关键角色。最后，中介效应分析还表明强环保规范的社区中经济框架对环保目标承诺的负面作用相对更小（见图 4-6），这可能说明了倡导自愿践行环保主义的社会规范与强调经济理性的干预策略相互冲突，进而削弱了这一干预手段的影响力。

第四节　本章小结

本章基于一项大型的社区居民调查实验，实证分析了垃圾分类这一备受我国社会各界重视的环保行为对若干公共环保行为的溢出效应，并进一步检视了行为溢出的内在机理及溢出形态的影响因素。主要研究结论如下：

（1）垃圾分类参与对其他公共环保行为具有显著的负向溢出。当居民回忆起自己过往的垃圾分类行为后，对其他垃圾治理政策提案（垃圾计量收费政策、垃圾处理站修建计划等）的支持度更低，同时参与社区环保事务（加入社区环保志愿组织、向社区环保事业捐赠等）的意愿更低，负向溢出效应量达到15%～22%，而调查实验并未发现行为间有正向溢出的证据。自我推断模型是解释垃圾分类负向溢出发生的主要机制。当居民回忆自己的垃圾分类行为后，他们自发采用目标进展视角审视过往的垃圾分类实践，并减弱了对于环保目标和自我环保身份的承诺感，由此负向溢出得以发生。

（2）在不同的干预政策下，行为溢出的具体形态有较大的差别。在强调垃圾分类环保价值的信息框架下，（回忆）垃圾分类行为不对任何公共环保行为产生影响，也不对两类承诺感具有负向影响；在凸显垃圾分类金钱收益的信息框架下，（回忆）垃圾分类行为对若干公共行为产生了显著的负向溢出，两类承诺感的弱化是解释经济框架负向溢出的主要机制；在突出垃圾分类对治污有效性的进展框架下，（回忆）垃圾分类行为对一类公共环保行为产生消极影响，且第三方因素（如目标进展感知）引发了该例负向溢出。

（3）个体自我超越价值观念的认同度对行为溢出基本无影响。其中，生态保护型价值观不对行为溢出产生调节作用，而利他价值观则仅对一例负向溢出产生弱化作用。这一结果产生的原因是：（回忆）垃圾分类行为能够激活第三方正向路径（如"有条件的合作者"倾向），进而与两类承诺感所中介的负向溢出路径相互抵消，导致利他倾向较强的被试不再展现负向溢出效应。

（4）当后续公共环保行为难度越高时，行为负向溢出的证据越少。然而，由于调查实验仅涉及较高难度的环保行为，且研究并未对居民行为难度感知进行直接测量，故行为难度与溢出效应之间的关系需要后续研究进一步检验。此外，居民以往垃圾分类的实际参与水平对行为溢出的具体形态不具有显著影响，这表明触发自我推断机制的关键在于个体对过往行为的感知而非实际参与水平。

（5）社会规范对行为负向溢出具有催化作用，即社区环保规范越强，负向溢出越易出现。这一现象发生的原因是社会规范在两类承诺感所中介的负向溢出路径基础上，进一步激活了第三方负向机制（如对社群规范目标的承诺感），进而导致强社会规范社区中的居民更易展现前后行为的偏离。

（6）本研究的主要学术贡献是：①使用大样本社区居民的调查实验数据，检验本研究提出的自我推断模型，证明了其中两类关键机制对行为溢出发生的解释力。②系统检验了决策主体、客体与决策情境三方面因素对行为溢出的影响及其作用机制，尤其是利用社区与个体的双层数据，检视了社会情境对行为溢出的潜在作用，弥补了当前溢出研究的一个空白。③通过检验垃圾分类的潜在溢出效应，揭示了居民在政策响应过程中展现的复杂行为模式，这为行为政策科学与行为公共管理研究提供了新的分析视角与重要的经验素材。

（7）本研究的不足是：①调查实验采用了行为回忆操纵技术，检验居民回忆过往垃圾分类经历后的行为与心理表征，尽管这类实验技术受到溢出研究者的青睐，但无法"完美"地还原居民在实际参与环保过程中所产生的溢出效应，后续研究需要进一步运用田野实验或准实验研究技术，考察居民在实施垃圾分类前后对其他环保行为参与水平的变化。②本研究仅考察了垃圾分类对公共环保行为参与意愿的影响，未检视垃圾分类对私人环保行为的作用。③本研究的实验数据来源于两轮居民调查，但在调查过程中存在样本流失，尤其是个体价值观数据的缺失程度较高，未来研究仍需进一步考察个体价值观对行为溢出的影响，以检验本研究结论的可复制性。

第五章

两类政策干预下的行为溢出：
来自田野准实验的证据

在第四章调查实验的基础上，本章设计了两个田野准实验（field quasi-experiment），意图进一步检验社区居民在垃圾分类实际参与过程中所展现的溢出效应。第一个实验历时 3 个月，为短期实验研究，关注环保宣传与经济激励这两类关键政策干预对行为溢出的潜在影响。不同于调查实验仅考察垃圾分类与公共环保意愿之间的关联，该实验更全面地检视了垃圾分类对多类私人与公共行为的溢出效应。第二个实验为期 15 个月，为长期实验研究，着重考察经济激励政策干预下行为溢出的历时变化趋势。两个实验均对溢出效应的发生路径展开详细分析，以检验自我推断模型对行为溢出内在机理的解释效力。具体章节安排如下：第一节依次汇报了短期田野准实验的研究设计、数据分析和结果讨论；第二节展示了长期田野准实验的研究设计、数据分析和结果讨论；第三节对田野准实验的发现与贡献进行了总结。[①]

第一节　短期田野准实验

一、实验设计

我们于 2017 年 4 月至 8 月在杭州市余杭区的三个社区围绕垃圾分类的溢出效应展开田野准实验研究。选择这三个社区的原因是：第一，这三

---

① 短期田野准实验的核心研究成果已经发表在 SSCI 一区期刊 *Journal of Environmental Psychology* 和中文核心期刊《浙江社会科学》上（Xu et al., 2018c; 徐林和凌卯亮, 2019）。长期田野准实验的核心研究成果已经发表在 SCI 一区期刊 *Journal of Environmental Management* 上（Ling & Xu, 2021a）。

个社区相互毗邻，在社区基本建设、人口规模结构、社会经济属性等方面较为相似，较高的同质性有助于排除社区层面的固有差异对实验结果的干扰；第二，这三个社区在实验开展前从未推广过垃圾分类，同时当地政府意图在这些社区通过志愿者上门宣传或引入第三方回收公司的经济激励服务来动员居民参与垃圾分类，这为实验开展提供了良好的契机；第三，由于近几年的"市容市貌整治运动"及社区物业的管制，该地区以回收废品为营生手段的拾荒者、流动商贩和回收摊点已经基本消失，故实验地区居民受到这些"非正式回收部门"（徐林等，2017）等其他干扰源的影响程度较低，这进一步保障了实验结果的准确性。本实验的实验员由社区志愿者和在校研究生构成，在实验开展前，他们全部接受了实验研究的相关培训。

（一）实验流程

对于三个社区，研究在每个社区的完整住户名单中均随机抽取100户家庭。随后实验员对每户家庭上门拜访，招募家庭成员中的一位成年居民参与实验。在招募过程中，实验员仅告知居民这是一项关于家庭垃圾分类的研究，不透露行为溢出的相关信息，以保障实验质量。研究共招募了225名居民作为实验被试。实验员向同意参与实验的居民赠送礼品（洗手液与纸巾），并请他们填写前测问卷。该问卷旨在测量居民的两类承诺感、包含垃圾分类在内的系列环保行为参与水平及社会人口属性。

研究采用准实验设计，将属于同一个社区的所有被试分配到相同的实验组。对应于三个社区，研究共设置了三类实验组：环保组（受环保宣传干预的实验组）、经济组（受经济激励干预的实验组）和对照组（不接受任何形式干预的实验组）。研究之所以没有对实验被试展开完全随机分配是因为：首先，完全随机分配会使同属一个社区的不同被试接受不同类型的干预，而被试之间又可能因邻里互动而存在交互干扰的问题，故完全随机分配可能会破坏实验干预的实际效果；其次，经济组的干预通过社区引入第三方公司提供的分类奖励服务实现，但这一服务会覆盖一个社区的所有居民，无法仅对特定的家庭提供，故现实条件也限制了完全随机分配的实施。[①]

实验干预在 2017 年 5—7 月期间实施。具体而言，对于环保组被试，除社区自发组织志愿者在本社区定期开展垃圾分类的环保价值宣传、动员居民参与社区垃圾分类以外，实验员每月对被试进行一次入户访谈，每次访谈大约 0.5 小时。实验员首先向被试传递有关垃圾污染问题的严重性和垃圾分类行为对环境保护的贡献等信息，然后询问被试对展示的信息是否理解，并对被试的问题进行解答。随后实验员询问被试是否已经实施了垃圾分类，对尚未实施垃圾分类的被试强调该行为的环保价值，并鼓励他们积极参与垃圾分类实践。

对于经济组被试，社区居委会引入了第三方资源回收公司（H 公司）提供的经济奖励服务。该公司在社区周边开设了垃圾投放点和超市，居民也可直接呼叫公司的上门服务进行垃圾投掷。系统后台依据前端工作人员对居民垃圾分类的评估结果自动为各居民的"绿色账户"进行充值，居民可凭借账户内的积分在超市中进行消费。通过这样的方式，H 公司对参与垃圾分类的居民提供物质奖励。与环保组一致，实验员每月进行一次为期约 0.5 小时的入户访谈，首先告知被试可以通过参与 H 公司的分类回收项目换取个人报酬，然后解答被试的问题。最后询问被试是否参与该奖励项目，并鼓励尚未参与的居民实施垃圾分类以赚取经济收益。

当为期 3 个月的干预结束后，实验员对三组被试再次上门，邀请他们填写后测问卷。该问卷与前测内容一致。表 5-1 展示了实验的关键步骤。

---

① 三个实验社区的规模都较大，每个社区约有 2000 家住户，故环保组接受的干预信息向其他两组传播的可能性较低；同时，经济激励服务也仅向经济组所在社区的居民提供，在实验期内不对其余两个实验组开放。因此，准实验设计下各实验组之间基本不存在交互干扰的可能。

表 5-1　短期田野准实验的关键流程

组　别	前测（4 月底）	干预（5—7 月）	后测（8 月初）
环保组	D & B & P	X1	B & P
经济组	D & B & P	X2	B & P
对照组	D & B & P	—	B & P

　　注：D 为个体人口属性调查；B 为各类行为参与程度或意愿的调查；P 为对各类心理变量的调查；X1 为环保宣传；X2 为经济激励。

　　剔除实验过程中的流失样本（如拒绝继续接受干预、生病住院、搬家、长期出差等）及无效问卷（如漏答关键题项、答案雷同、前后测填写人不一致等）后，共 200 人完成了所有实验步骤并有效填写了两轮实验问卷，他们是本实验的研究样本。其中，两个实验组被试共计 120 人，对照组 80 人。实验样本的社会人口属性分布情况如表 5-2 所示。与杭州居民相比，研究样本包含了更多的女性、中青年和高等学历居民（女性占总样本的 50.5%，杭州人占 48.7%；60 岁及以上人口占样本的 5.5%，杭州人占19.9%；本科及以上学历人口占样本的 18.5%，杭州人占 11.03%）。[①]

表 5-2　短期田野准实验样本的社会人口属性

单位：%

人口属性		全样本 （N=200）	男性 （N=99）	女性 （N=101）
年龄	＜ 20	1.00	1.01	0.99
	20 ～ 29	7.00	7.07	6.93
	30 ～ 39	40.50	30.30	50.50
	40 ～ 49	29.00	35.36	22.77
	50 ～ 59	17.00	19.19	14.85
	≥ 60	5.50	7.07	3.69

---

① 杭州市性别、年龄数据来源：http://tjj.hangzhou.gov.cn/art/2020/2/14/art_1657772_41918023.html；受教育程度数据来源：https://new.qq.com/omn/20190509/20190509A05VQ5.html，检索日期：2020 年 2 月 25 日。

续表

	人口属性	全样本 （N=200）	男性 （N=99）	女性 （N=101）
受教育 程度	未接受教育	2.50	0	4.95
	小学	7.00	5.05	8.91
	初中	19.00	19.19	18.81
	高中	36.50	39.39	33.66
	大专	16.50	16.16	16.83
	本科	16.50	17.17	15.84
	研究生	2.00	3.03	0.99
税后家庭 月总收入	＜5000 元	16.00	18.18	13.86
	5000 ≤ x ＜ 10000 元	42.50	41.41	43.56
	10000 ≤ x ＜ 15000 元	23.00	23.23	22.77
	15000 ≤ x ＜ 20000 元	13.00	9.09	16.83
	20000 ≤ x ＜ 25000 元	2.00	4.04	0
	≥25000 元	3.50	4.04	2.97

（二）问卷测量

在干预开展前，研究对设计好的原始问卷展开了小规模的预调研，依据居民的反馈意见适当调整了问卷结构、题量和表述，形成了最终的实验问卷。

1. 居民环保行为

（1）垃圾分类行为：研究参考徐林等（2017）的测评指标，设计了4道题目分别测度了居民在最近一个月内对可回收物、厨余垃圾、有害垃圾和其他垃圾的分类频率，使用李克特5点量表赋值（1="从来不"，5="总是"）。

（2）其他环保行为：研究参照 Lanzini 与 Thøgersen（2014）及 Thøgersen 与 Ölander（2003）的测量指标，设置了13道题目测度居民在最近一个月内实施家庭节电、节水、绿色出行及绿色消费等四类私人环保行为的频率。其中，节电行为包括关闭不使用的插排、关闭不使用的电器、随手关灯、合理使用"峰谷电"等四种具体行为；节水行为包括循环利用水资源与节约饮用水等两种行动;绿色出行包括步行或使用公共交通上班、购物及聚会等行动;绿色消费行为包括自备购物袋、购买节能产品、外出自备洗漱用品及不使用一次性餐具等行为。使用李克特5点量表赋值（1="从来不"，5="总是"）。

此外，问卷也设置了7道题目询问被试对环保政策的支持意愿，以及对公民性行为（citizenship actions）的参与意愿。其中，环保政策包括政府处罚破坏环境的企业或居民、向污染环境的企业征税，以及向居民与企业提供环境保护信息和相关培训。公民性行为包括参加环保组织或社团、向环保组织捐款、参加社区环保公益活动、参加政府举办的环保听证会等四类行为。同样使用李克特5点量表赋值（1="非常不愿意"，5="非常愿意"）。总体而言，研究测量的这些环保行为涉及私人领域与公共领域，组成了居民生态足迹的主要部分。这有助于研究全方位地检视居民垃圾分类的溢出效应。

2. 两类承诺感

与Carrico等（2017）类似，研究使用"环境关心度"反映个体的环保目标承诺感。参照相关研究（Thøgersen & Noblet, 2012; 洪大用等，2014），设计了4道题目考察被试对环境的关心度，分别为："人类对于自然的破坏常常导致灾难性后果""地球只有很有限的空间和资源""如果一切按照目前的样子继续下去，我们很快将遭受严重的环境灾难"及"环境保护是我们生命中的一部分"。此外，参照相关研究（van der Werff & Steg, 2018; van der Werff et al., 2014a, 2014b），设计了3道题目考察个体对环保身份的承诺感，分别为"我觉得我是一个环保主义者"和"我并不是那种非常想要参加环境保护的人"（反向计分）、"当别人认为我是环保主义者时，我会很尴尬"（反向计分）。受访者按照李克特5点量表对上述题目进行评价（1="完全不同意"，5="完全同意"）。

3. 社会人口属性

问卷最后测量了受访者的性别、年龄、受教育程度和家庭月总收入（税后）。其中，性别以虚拟变量形式表征（0= 男性，1= 女性）；年龄以连续数据测量；其余变量按照表 5–2 展示的分类情况应用定序数据测量。

（三）公共因子提取

研究进一步采用探索性因子分析方法对各个变量所涉及的测度指标进行降维，并从中提取公共因子用以衡量相应变量。初步计算显示，数据的 KMO 值大于 0.9 且 Bartlett 球形检验结果均显著，因此问卷数据适合进行因子分析。研究对个体环保行为与承诺变量涉及的题项分别展开因子分析。针对环保行为的分析结果显示，在前测与后测数据中，研究均能够从垃圾分类、绿色出行、政策支持与公民性行为的测量题项中各抽取一个公共因子，这四类行为分别用它们的公共因子得分进行赋值。其中，垃圾分类行为题目在前、后测中的组合信度值（composite reliability）分别为 0.88 与 0.84；绿色出行行为题目在前、后测中的组合信度值分别为 0.89 与 0.91；政策支持题目在前、后测中的组合信度值分别为 0.82 与 0.76；公民行为题目在前、后测中的组合信度值均为 0.88。[①] 然而，节电、节水与绿色消费等三类领域涉及的具体行为在前、后测中没有聚合到相应的行为类别上，故它们无法在两次测量中产生一致的公共因子。研究效仿 Lanzini 和 Thøgersen（2014）等既往文献，在后续数据分析中将每个题项视为单独的环保行为进行逐一检验。对于个体心理感知变量，研究在前、后测中恰好能从两类承诺感题项中各抽取一个公共因子，因此这两类心理变量分别用对应的公共因子得分进行赋值。其中，环保目标承诺感测量题项在前、

---

① 在评价指标内部信度上，相比于克朗巴哈系数（α），组合信度更全面地考虑了对因素载荷的估计（Hair et al., 2011），尤其当数据呈现出多维特征时，组合信度比克朗巴哈系数更加准确（Fornell & Larcker, 1981）。

后测中的组合信度值均为 0.80，自我环保身份承诺感测量题项在前、后测中的组合信度值分别为 0.67 与 0.70。

表 5-3 记载了各研究变量的描述性统计信息。由于研究变量较多，这里不再展示各变量之间的相关关系矩阵。实验样本在各变量上不存在数据缺失。

表 5-3　短期田野准实验研究变量的描述性统计

	环保组		经济组		对照组		总样本	
	前测	后测	前测	后测	前测	后测	前测	后测
生活垃圾分类*	3.48 (0.89)	3.91 (0.74)	3.49 (0.73)	3.76 (0.68)	3.19 (0.79)	3.15 (0.79)	3.37 (0.83)	3.58 (0.83)
公民行为*	3.49 (0.55)	3.58 (0.68)	3.53 (0.56)	3.32 (0.44)	3.59 (0.59)	3.35 (0.58)	3.54 (0.57)	3.44 (0.61)
环保政策支持*	4.12 (0.58)	4.06 (0.68)	4.12 (0.65)	3.93 (0.62)	4.11 (0.54)	3.80 (0.57)	4.12 (0.58)	3.93 (0.63)
绿色出行*	3.49 (0.90)	3.68 (0.99)	3.12 (0.92)	3.27 (0.91)	3.64 (0.83)	3.53 (0.88)	3.48 (0.89)	3.54 (0.94)
自备购物袋	3.55 (1.04)	3.67 (0.96)	3.41 (1.09)	3.54 (1.07)	3.54 (1.08)	3.45 (0.94)	3.52 (1.06)	3.56 (0.98)
购买节能产品	4.13 (0.89)	4.30 (0.82)	3.97 (0.93)	3.86 (0.86)	4.18 (0.74)	4.03 (0.81)	4.12 (0.84)	4.11 (0.84)
自备洗漱用品	4.06 (1.09)	4.16 (0.99)	3.89 (1.10)	3.86 (1.03)	3.83 (1.03)	3.80 (0.85)	3.94 (1.07)	3.96 (0.96)
拒绝一次性餐具	2.67 (0.84)	2.95 (1.07)	2.97 (0.80)	2.86 (0.71)	2.98 (0.95)	3.01 (0.74)	2.86 (0.89)	2.96 (0.88)
循环使用水资源	3.59 (0.94)	3.80 (0.89)	3.19 (0.91)	3.41 (1.07)	3.43 (0.98)	3.43 (0.98)	3.45 (0.96)	3.58 (0.97)
节约饮用水	2.99 (1.06)	3.27 (1.12)	2.95 (0.97)	3.11 (0.81)	3.21 (1.05)	3.23 (0.81)	3.07 (1.04)	3.22 (0.95)
关闭不使用的插排	4.30 (0.78)	4.24 (0.99)	3.49 (1.15)	3.81 (0.97)	4.01 (0.83)	3.83 (0.89)	4.04 (0.92)	4.01 (0.96)

续表

	环保组		经济组		对照组		总样本	
	前测	后测	前测	后测	前测	后测	前测	后测
关闭不使用的电器	4.19 (0.83)	4.05 (0.94)	3.70 (1.08)	3.95 (0.91)	3.81 (1.02)	3.79 (0.86)	3.95 (0.98)	3.89 (0.91)
随手关灯	3.34 (1.19)	3.84 (1.11)	3.54 (0.99)	3.41 (0.90)	3.65 (0.97)	3.50 (1.07)	3.50 (1.08)	3.63 (1.07)
合理使用"峰谷电"	3.42 (1.07)	3.52 (0.98)	2.95 (0.97)	3.19 (1.00)	3.31 (1.24)	3.26 (0.98)	3.29 (1.13)	3.36 (0.99)
环保目标承诺*	4.23 (0.79)	4.50 (0.60)	4.43 (0.48)	4.32 (0.54)	4.38 (0.58)	4.15 (0.64)	4.33 (0.66)	4.33 (0.62)
环保身份承诺*	3.79 (0.68)	3.70 (0.76)	3.73 (0.59)	3.49 (0.60)	3.88 (0.67)	3.65 (0.72)	3.81 (0.66)	3.65 (0.72)
性别（女性=1）	0.49 (0.50)		0.54 (0.51)		0.50 (0.50)		0.51 (0.50)	
年龄	45.14 (11.49)		36.78 (8.95)		39.16 (7.76)		41.21 (10.23)	
家庭税后月收入	2.40 (1.00)		3.41 (1.32)		2.26 (1.09)		2.53 (1.17)	
受教育程度	3.83 (1.20)		5.22 (1.16)		3.99 (1.22)		4.15 (1.30)	

注：括号上方数值为变量均值，括号内数值为标准差；带星号上标的变量为公共因子，本表中它们由各自测量题项得分的均值、而非公共因子得分测量，以更好地展现原始数据的基本信息。

二、数据分析

（一）两类干预策略下的行为溢出检验

由于本研究采用了非等同对照组的准实验设计思路，同时实验过程中的流失与无效样本也被剔除，这导致各组初始状态的平衡性可能无法得到满足。研究首先检验各实验组在所有20个前测变量上的差异。尽管由于比较次数较多可能增大一类错误发生的概率，这里仍使用传统0.05而非

Bonferroni 校正 p 值（0.003）作为判断组间差异显著性的标准。由于比较信息较为复杂，表 5-4 仅展示显著差异。该表指出，各组在三类社会人口属性以及四类环保行为的前测得分上互有差别。

表 5-4　各实验组显著的初始差异信息

前测变量	均值			F 值	p 值
	环保组	经济组	对照组		
垃圾分类因子	0.15_b	0.22_b	-0.25_a	4.55	0.01
绿色出行因子	$-0.03_{a,b}$	0.34_a	-0.19_b	3.73	0.03
关闭不使用的插排	4.30_b	3.49_a	4.01_b	11.07	<0.001
关闭不使用的电器	4.19_a	3.70_b	3.81_b	4.72	0.01
年龄	45.14_a	36.78_b	39.16_b	12.51	<0.001
受教育程度	3.83_b	5.22_a	3.99_b	18.32	<0.001
家庭税后月收入	2.40_b	3.41_a	2.26_b	14.69	<0.001

注：字母下标表示各组两两比较结果，下标中含有相同字母表示两组均值在 $p=0.05$ 水平上无显著差异。

接下来对各行为变量的后测得分的组间差异展开检验，以反映两类干预手段的直接效果（对垃圾分类的影响）与溢出效应（对其他环保行为的影响）。对于垃圾分类、绿色出行、两类公共环保行为，它们的数据由公共因子得分测量，因此采用普通 OLS 回归模型予以检验。此外，尽管节电、节水与绿色消费行为因未能聚合成公共因子而由五点定序变量测量，按理应采用定序 Logistic 模型检验，但刘红云等（2013）等模拟研究表明，当定序变量类别等于或高于 5 类以上时，普通 OLS 与 Logistic 模型检验结果之间的差异很小，可使用 OLS 方法。因此，研究对这些行为也统一采用 OLS 回归模型予以检验。具体模型如下所示：

$$y_{i2}=\alpha+\sum_{n=1}^{2}\gamma_n d_n+\sum_{k=1}^{6}\beta_k x_k+\delta y_{i1}+\mu$$

模型中，因变量 y_{i2} 反映某环保行为的后测得分，α 为回归方程的截距项，μ 为随机干扰项。研究根据实验分组设置了环保组（是 =1，否 =0）与经济组（是 =1，否 =0）两类虚拟变量，用于反映被试接受干预的具体类型，用 d_n 表示。此外，模型也对关键的"第三方"因素 x_k 予以控制。平衡性检验结果表明各组在多类变量上互有差异。为严格起见，研究遴选的控制变量包括所有社会人口属性特征（性别、年龄、收入、受教育程度）与两类变量的前测得分（环保目标承诺感、自我环保身份承诺感），以尽量实现各类实验组在可控条件下初始状态的近似等同。同时，在针对具体环保行为展开检验的模型中，本研究也将该行为的前测得分，即 y_{t1} 纳入模型。这么操作一方面有助于进一步控制各组的潜在基准差异，另一方面由于研究对相同的行为展开了涉及前、后测两轮问卷调查，控制行为的前测得分能够克服被试在问卷填写过程中可能存在的"向均值回归"（regression towards the mean）偏误（Lanzini & Thøgersen, 2014; Thomas et al., 2016）。最后，β_k、γ_n、δ 分别代表各类自变量的回归系数。

　　由于研究同时对多类环保行为展开检验，各回归方程之间可能存在误差相关，因此采用似无关回归（seemingly unrelated regression）方法对方程组进行估算，以控制这一偏误。表 5-5 展示了两类干预的直接效果与溢出效应检验结果。

表 5-5　两类策略的直接效果和溢出效应（N=200）

因变量 （环保行为后测水平）	核心自变量 （垃圾分类干预策略）	β	标准误差	p
垃圾分类（因子）	环保宣传	0.723***	0.148	< 0.001
	经济激励	0.702***	0.204	0.001
绿色出行（因子）	环保宣传	0.135	0.144	0.347
	经济激励	−0.007	0.198	0.975
关闭不使用插排	环保宣传	0.355*	0.151	0.019
	经济激励	0.142	0.207	0.493
关闭不使用电器	环保宣传	0.330*	0.142	0.020
	经济激励	0.499**	0.193	0.010

续表

因变量 （环保行为后测水平）	核心自变量 （垃圾分类干预策略）	β	标准误差	p
随手关灯	环保宣传	0.433*	0.171	0.011
	经济激励	−0.002	0.232	0.994
合理使用"峰谷电"	环保宣传	0.264^	0.154	0.088
	经济激励	0.126	0.212	0.552
循环利用水资源	环保宣传	0.295*	0.140	0.035
	经济激励	0.112	0.191	0.557
节约饮用水	环保宣传	0.054	0.150	0.718
	经济激励	−0.001	0.204	0.996
自备购物袋	环保宣传	0.207	0.144	0.347
	经济激励	0.156	0.197	0.430
购买节能产品	环保宣传	0.388**	0.128	0.002
	经济激励	−0.076	0.175	0.665
出游时自带洗漱品	环保宣传	0.299*	0.144	0.038
	经济激励	0.190	0.196	0.331
不使用一次性餐具	环保宣传	−0.086	0.143	0.546
	经济激励	−0.065	0.195	0.738
环保政策支持（因子）	环保宣传	0.228	0.160	0.154
	经济激励	0.178	0.219	0.416
公民性行为（因子）	环保宣传	0.247	0.157	0.116
	经济激励	−0.005	0.214	0.982

注：在每个方程中，个体人口属性、两类心理认知变量及受检验行为的前测水平均被控制，由于结果较为复杂，本表不再展示；所有回归模型的 F 值均达到 Bonferroni 校正的显著性水平（$p < 0.001$）；^ 表示 $p < 0.1$；* 表示 $p < 0.05$；** 表示 $p < 0.01$；*** 表示 $p < 0.001$。

表 5-5 显示，相对于对照组而言，两类策略均能够显著提升居民参与生活垃圾分类的水平。这验证了本实验的操纵效果，即干预组更积极地参与了家庭垃圾分类回收行为。研究进一步将模型中的基准组替换为经济组，以直接比较两类干预组的直接效果。回归拟合结果表明，两类干预策略在对居民垃圾分类的积极影响上并无显著差异（$β=0.017$，$p=0.932$）。在

非干预目标的环保行为上，环保组被试对关闭不使用的插排与电器、随手关灯、循环利用水资源、购买节能产品、自备洗漱用品等六类环保行为的参与程度显著高于对照组被试，在合理使用"峰谷电"行为上的上升趋势也达到边际显著水平。因此在环保信息宣传这一政策框架下，参与垃圾分类能够提高居民参与其他行为的程度，即正向溢出发生。相反，经济组被试在绝大多数环保行为上与对照组被试并不具有显著差异。唯一的例外是在关闭不使用电器这一行为上，经济组被试也展现出了更高的参与水平。

（二）行为溢出的发生路径检验

研究接下来考察行为溢出的内在机理，以进一步检视两类承诺感是否能够解释行为溢出的发生。遵循 Baron 和 Kenny（1986）对中介效应的"逐步法"检验流程，首先对自变量（垃圾分类行为干预）与中介变量（环保目标承诺感与自我环保身份承诺感）之间的关系进行拟合，然后将中介变量同时纳入行为溢出的检验模型之中，考察中介变量对因变量（非目标环保行为）的影响。尽管垃圾分类的溢出效应仅在部分环保行为上体现，但自变量与因变量之间的关系并非决定是否要识别中介机制的必要条件（温忠麟和叶宝娟，2014）。换言之，如同在第四章发现的，对于某些行为总的溢出效应可能并不显著，但溢出路径仍然存在。因此，研究对所有非目标行为均展开有关两类承诺机制的中介效应检验。表5-6记载了自变量（垃圾分类干预）与中介变量（两类承诺感）之间关系的似无关回归模型检验结果。从中可以看出，环保宣传策略能够显著提高被试对环保目标的承诺感，但经济激励策略对该变量无影响。另外，经济激励策略对自我环保身份承诺的负向影响的显著性（$p=0.055$）非常接近 $p=0.05$ 的水平，环保宣传策略则对该变量无影响。

表5-6　两类策略对环境关心度和环保认同感的影响（N=200）

中介变量 （心理变量后测水平）	核心自变量 （垃圾分类干预策略）	β	SE	p
环保目标承诺感	环保宣传	0.552***	0.155	< 0.001
	经济激励	0.320	0.212	0.130
自我环保身份承诺感	环保宣传	0.115	0.157	0.464
	经济激励	-0.412^	0.214	0.055

注：在每个方程中，个体人口属性、两类心理认知变量的前测水平均被控制，由于结果繁杂结果本表不再展示；^表示 $p < 0.1$；*** 表示 $p < 0.001$。

表5-7展示了当自变量（垃圾分类干预）与中介变量（两类承诺感）均纳入模型后，它们对因变量（非目标环保行为）影响的无关回归结果。据表可知，一方面，环保目标承诺对绿色出行、关闭不使用的电器、购买节能产品、环保政策支持具有显著的正向影响，与关闭不使用的插排、自备洗漱品及公民性行为的正相关也达到了边际显著水平。由于环保信息宣传策略对环保目标承诺感具有正向影响，故目标承诺感构成了该策略与上述行为之间的正向溢出路径。对于受到宣传策略正向溢出影响的6种环保行为（见表5-5），目标承诺路径存在于其中4种之中，因此不断强化的环保目标承诺感是这些行为受到正向溢出影响的一个解释机制。然而对于剩下的两类行为（随手关灯、循环利用水资源），环保目标承诺并不对它们具有显著影响，因此该机制无法解释宣传策略对这两类行为的正向溢出。此外，对于绿色出行和两类公共环保行为，目标承诺的正向溢出路径同样存在，但并未转换为总的正向溢出效应。与此同时，自我环保身份承诺与十类私人环保行为之间均具有显著的正向关系，仅对合理使用"峰谷电"行为不具有影响。由于经济激励与自我环保身份承诺感的负向关联已被验证，因此被削弱的环保身份承诺构成了经济激励下的负向溢出路径。

表 5-7 两类心理变量与环保行为的关系（N=200）

因变量 （环保行为后测水平）	中介变量 （心理变量的后测水平）	B	SE	p
绿色出行（因子）	环保目标承诺	0.135*	0.063	0.033
	环保身份承诺	0.196**	0.063	0.002
关闭不使用的插排	环保目标承诺	0.124^	0.067	0.063
	环保身份承诺	0.214***	0.066	0.001
关闭不使用的电器	环保目标承诺	0.127*	0.062	0.041
	环保身份承诺	0.199***	0.061	0.001
随手关灯	环保目标承诺	-0.027	0.077	0.724
	环保身份承诺	0.169*	0.076	0.026
合理使用"峰谷电"	环保目标承诺	0.029	0.070	0.685
	环保身份承诺	0.049	0.070	0.482
循环利用水资源	环保目标承诺	0.023	0.063	0.721
	环保身份承诺	0.212***	0.064	0.001
节约饮用水	环保目标承诺	0.092	0.066	0.161
	环保身份承诺	0.272***	0.064	< 0.001
自备购物袋	环保目标承诺	0.052	0.065	0.423
	环保身份承诺	0.140*	0.065	0.031
购买节能产品	环保目标承诺	0.129*	0.056	0.022
	环保身份承诺	0.181***	0.057	0.001
出游时自带洗漱品	环保目标承诺	0.116^	0.063	0.068
	环保身份承诺	0.211***	0.063	0.001
不使用一次性餐具	环保目标承诺	0.054	0.065	0.407
	环保身份承诺	0.194**	0.063	0.002
环保政策支持（因子）	环保目标承诺	0.355***	0.068	< 0.001
	环保身份承诺	0.110	0.067	0.104
公民性行为（因子）	环保目标承诺	0.123^	0.071	0.084
	环保身份承诺	0.050	0.072	0.486

注：在每个方程中，两类策略的虚拟变量、个体人口属性、两类心理变量及受检验行为的前测水平均被控制，由于结果较为复杂，本表不再展示；所有回归模型的 F 值均达到 Bonferroni 校正的显著性水平（$p < 0.001$）；^ 表示 $p < 0.1$；* 表示 $p < 0.05$；** 表示 $p < 0.01$；*** 表示 $p < 0.001$。

类似于第四章，研究采用偏差校正的非参数百分位 Bootstrap "乘积法"，构建中介效应量的 95% 置信区间，再次辨识两类承诺的中介作用。Bootstrap 重复取样样本设定为 5000。表 5-8 对显著路径进行了汇总，附表 B-1 报告了完整检验结果。对于环保组，乘积法检验结果与逐步法完全一致，即垃圾分类环保宣传策略激活了环保目标承诺，进而对非目标行为产生积极影响。该正向溢出路径对 7 类环保行为发生，在其中 4 类行为上检测到总的正向溢出效应，因此目标承诺感是这些正向溢出效应的一个解释机制。随手关灯与循环利用水资源这两类行为也受到正向溢出的影响，但目标承诺路径并不显著，这说明有第三方因素促成了环保宣传策略对这两类非目标行为的积极影响。对于经济组，"乘积法"的检验结果与"逐步法"基本一致，表明遭到弱化的自我环保身份承诺构成了经济激励策略产生的一类负向溢出路径，并体现在九类私人环保行为上。不同之处在于，仅"逐步法"在随手关灯行为上检测到了身份承诺的负向溢出路径。此外，"乘积法"在绿色出行行为上也发现了目标承诺的正向溢出路径。然而，这一路径的效应量下限基本等于 0，故其显著性的可信度并不高。

表 5-8　行为溢出中介机制的 Bootstrap "乘积法"显著结果汇总（N=200）

中介路径	效应量及其 95% 置信区间
环保组→目标承诺→绿色出行	0.075 [0.016, 0.190]
环保组→目标承诺→关闭不使用的插排	0.068 [0.006, 0.188]
环保组→目标承诺→关闭不使用的电器	0.070 [0.011, 0.184]
环保组→目标承诺→购买节能产品	0.071 [0.015, 0.171]
环保组→目标承诺→出游时自带洗漱品	0.064 [0.004, 0.172]
环保组→目标承诺→环保政策支持	0.196 [0.076, 0.380]
环保组→目标承诺→公民性行为	0.068 [0.004, 0.175]
经济组→目标承诺→绿色出行	0.043 [0.0005, 0.137]
经济组→身份承诺→绿色出行	−0.081 [−0.207, −0.012]
经济组→身份承诺→关闭不使用的插排	−0.088 [−0.229, −0.012]
经济组→身份承诺→关闭不使用的电器	−0.082 [−0.200, −0.014]

中介路径	效应量及其 95% 置信区间
经济组→身份承诺→循环利用水资源	−0.087 [−0.227, −0.016]
经济组→身份承诺→节约饮用水	−0.112 [−0.275, −0.017]
经济组→身份承诺→自备购物袋	−0.058 [−0.174, −0.001]
经济组→身份承诺→购买节能产品	−0.074 [−0.199, −0.012]
经济组→身份承诺→出游时自带洗漱品	−0.087 [−0.210, −0.014]
经济组→身份承诺→拒绝一次性餐具	−0.080 [−0.206, −0.011]

注：括号外的数字代表中介效应量的点估计值，括号内的数字代表该效应量的 95% 置信区间；该表仅显示检验结果中的显著路径；较小数字用"＞0"或"＜0"简单表示数值方向。

（三）行为难度对溢出效应的影响检验

由于实验问卷并未测量居民对五类公共环保行为的难度感知，但居民自愿参与高难度行为的意愿普遍较低，因此类似于第四章，研究使用被试在前测中参与各类环保行为的水平，通过比较行为水平之间的差异，以间接反映行为之间的难度差异。基于 Tukey–Kramer 法得到的两两比较结果大致可以将 14 类环保行为分为三个子集（完整结果见附表 B–2），第一子集包括政策支持意愿、购买节能产品、自备洗漱品、关闭不使用的插排与电器等五类行为，居民参与这些行为水平最高，故行为难度可能最低；第二子集包括垃圾分类、公民性行为意愿、绿色出行、自备购物袋、循环利用水资源与随手关灯，被试参与这些行为的程度显著低于第一子集，故行为难度可能属于中等水平；第三子集包括合理使用"峰谷电"、节约饮用水和拒绝一次性餐具，居民参与这些行为的水平显著低于前两个子集，故行为难度可能最高。

在受到宣传策略正向溢出影响的行为中，有 4 类集中于第一子集，2 类属于第二子集中行为水平相对较高的部分。在未受到宣传策略正向溢出影响的 7 类行为中，6 类行为处于第三子集或第二子集中水平较低的部分，仅政策支持意愿属于第一子集。因此可以推断，行为难度可能是影响部分行为未受到正向溢出影响的一个潜在原因。对于不受宣传策略显著影响的非目标行为，它们本身的实施成本往往较高，如绿色出行与公民性行为（Lanzini & Thøgersen, 2014），或与家庭固有消费模式紧密关联，如节约饮用水、自备购物袋、拒绝一次性餐具、合理使用"峰谷电"等具体行动，因此行为改变的难度相对较大。此外，目标承诺这一正向溢出路径也基本未对难度较高的行为发生。因此可以推测，当后续行为难度较高时，个体的私益目标也会被无意识激活（Steg et al., 2014），并阻碍了宣传策略下行为间正向溢出的发生。

三、讨论

（一）环保信息宣传下的行为溢出

实验结果表明，环保宣传策略与经济激励策略均能够有效促使居民参与垃圾分类这一目标行为，且两者的效果并没有显著差异。然而，两类策略对行为溢出的影响却大为不同。具体而言，在强调垃圾分类环保价值的信息干预策略下，居民的垃圾分类实践能够显著提升他们在六类非目标环保行为的参与水平。在垃圾分类的经济激励策略下，垃圾分类实践仅能提升被试在一类非目标环保行为上的参与程度。因此，垃圾分类的环保信息宣传策略下行为间的正向溢出更易发生，故假设 5a 得到支持。因此强调个体环保目标的政策干预手段更易促生正向溢出。这一实验结果也与既有研究结论一致（Evans et al., 2013; Geng et al., 2019; Steinhorst et al., 2015）。

中介效应分析进一步表明，环保宣传策略能够显著提高对环保目标的承诺感知，而不断强化的目标承诺感会进一步提高个体参与其他环保行为的水平。因此，目标承诺路径是解释垃圾分类宣传策略正向溢出的一个机制。这一结果支持了假设 1a，即过往环保行为对环保目标承诺的积极作用有助于促生行为的正向溢出。然而，该路径无法解释所有被检测到的正向溢出效应。对受到正向溢出影响的六类非目标环保行为，目标承诺路径对其中四类发生。然而，对于随手关灯与循环利用水资源，该路径并不存在。这说明仍有未被实验揭示的其他路径能够促生宣传策略下的正向行为溢出。例如，居民在参与垃圾分类过程中可能不断获取与环境保护有关的信息，并逐步提高自己参与环境保护的信心（Lauren et al., 2016; Steinhorst et al., 2015）。同时实验员在对环保组被试进行干预时，也会对已参与垃圾分类的居民进行鼓励。这些均有助于提高被试践行环保主义的自我效能感（Self-efficacy），从而促使他们参与其他环保行为。被强化的自我效能感往往也能进一步提高个体对特定目标的承诺感（Lauren et al., 2016; Locke et al., 1984）。

此外，环保目标承诺所中介的正向溢出路径也对三类未被检测到正向溢出的非目标行为发生（绿色出行、公民性行为及环保政策支持）。其中，绿色出行与公民行为的参与难度较高。后续行为难度越高，个体的私益目标越容易被激活，这可能与环保目标的力量相互抵消，导致总的正向溢出未发生。对于本研究测量的环保政策，由于表达对它们的一般性支持的难度很低，各类实验组的支持度普遍较高，这可能导致环保组被试在该行为上的正向溢出无法显现。

与调查实验结果类似，宣传策略并未对自我身份承诺产生影响。因此与假设1b不一致的是，自我环保身份承诺不构成解释正向溢出的发生路径。导致这一结果的可能原因有：首先，本研究的宣传策略着重强调垃圾分类的环保价值，重在激活被试的环保目标，故对自我身份承诺的作用本身有限；其次，自我环保身份承诺与个体价值观念紧密相关，因此较为稳定而不易得到强化（van der Werff & Steg, 2018）。未来研究可以继续探讨在何种条件下环保信息框架干预才会对个体的自我环保身份承诺产生影响。

此外，行为参与难度也可能是解释为何环保宣传策略并未对所有行为产生正向溢出的主要原因。实验发现，垃圾分类的宣传策略普遍对难度较高的非目标行为不具有积极影响。而第四章调查实验也发现，接受环保信息框架干预的被试在五类难度较高的公共环保行为上均未展现出正向溢出。这些结果表明，环保信息策略对行为溢出的影响可能受到行为难度的调节，当后续行为难度较高时，即使采用环保信息策略也可能无法激发目标行为对非目标行为的正向溢出。这与假设 4 一致，表明当非目标行为较为困难时，此时个体的自利目标会被无意识激活（Steg et al., 2014），此时无须借助过往行为对内在偏好展开"自我推断"，故行为溢出不再发生。

然而，低难度的环保政策支持表达行为也未受到信息宣传策略正向溢出的影响。由于问卷仅是询问被试对一般性环保政策的支持意愿，并未凸显出环保政策对个体带来的潜在成本，故被试对这类政策支持表达行为的难度感知非常低。由于人们普遍具有环保的一般倾向（Tam & Chan, 2017, 2018），这使无论对照组还是干预组被试对该行为的支持程度普遍较高，而不具备明显的组间差异，这又限制了正向溢出的发生。换言之，无论居民是否参与初始环保行为，人们普遍乐于表达对低成本环保政策的支持，因此正向溢出在这一情境中也难以发生。当然，现实生活中，居民往往知晓计划推行的环保政策或政策提案的潜在成本，此时表达对环保政策的支持具有更高的难度。如第四章调查实验表明，当问卷题项有意强调政策对个体造成的成本时，环保策略并不会引发正向溢出。这一结果也暗示着行为难度与溢出效应关系的另一种可能，即当后续行为难度十分简单时，溢出效应也不易发生。因此两者之间可能呈现倒 U 形曲线关系（Henn et al., 2020）。

尽管环保信息宣传无法对高难度行为产生正向溢出，但该策略也抑制了对后续高难度行为可能诱发的负向溢出。类似地，调查实验表明，当个体仅在回忆过往行为后，他们对公共环保行为的参与意愿普遍更低，但接受环保信息框架干预的被试不会对高难度行为展现出负向溢出。因此，即使披露目标行为的规范与公益价值并非总能产生正向溢出，但这一干预手段可规避因后续行为难度较高而诱发的负向溢出风险。需要注意的是，实验问卷并未直接测量居民对各类行为的难度感知，而是依据样本在各类行为上的前测得分推断行为间的难度差异。未来研究需要设计同时包含各类难度行为的实验，并尽可能就被试对行为难易的感知程度展开直接测量，进一步探讨难度属性与环保策略对行为溢出的交互影响，细致考察行为难度对溢出效应的影响机制。

（二）经济激励策略下的行为溢出

经济激励手段并未诱发垃圾分类的负向溢出效应，并显著提升了居民对一项环保行为（关闭不使用的电器）的参与水平，因此与假设 5b 略显不一致的是，经济策略仍然对关闭不使用的电器这一节电行为产生了正向影响。该例正向溢出发生的可能原因是，由于实验在 5—7 月份开展，正值春夏交替时节，随着气温不断攀升，家庭中风扇、空调等家用电器的使用频率也会不断提高。例如，对照组被试关闭不使用的电器的行为水平在前后两次测试中呈现下降的趋势（前测均值 =3.81，后测均值 =3.70）。当居民接受垃圾分类的经济激励后，个体的私益目标更可能被激活，促使居民更乐意参与其他可以带来经济回报的环保行为。由此，经济组被试可能更积极地参与此类节电活动以缩减家庭电费花销。

中介效应结果进一步表明，经济激励策略能够显著地削弱个体的自我环保身份承诺，进而减弱个体参与其他非目标行为的意愿。因此，自我环保身份承诺的弱化构成了一类负向溢出发生路径，故假设 2b 成立。事实上，这一负向溢出路径对大部分非目标环保行为普遍存在，这是经济激励策略难以产生正向行为溢出的主要原因。然而这一发现与调查实验的结果有略微出入。在调查实验中，自我环保身份承诺中介的负向溢出路径仅对经济组被试的少数行为发生，且效应量也较弱。这可能与两个实验中经济激励策略的干预类型与运行环境有关。一方面，调查实验采取的经济激励是强调垃圾分类经济价值的信息框架的干预，且为一次性干预，而本实验中的经济激励却是给予被试实际的物质奖励，并同时向他们持续地宣传垃圾分类潜在的经济收益。因此，本实验对经济激励的干预力度显然比一次性的信息反馈更强，这可能是导致两次实验结果略有出入的一个原因。

另一方面，田野准实验开展的社会情境也会对个体心理感知造成影响。除了价值观念与过往环保行为，自我环保身份承诺感知也受到社群中他人的行为及整体的社会规范影响（van der Werff et al., 2014a; Whitmarsh & O'Neill, 2010）。不同于调查实验采取的匿名问卷情境，本实验的经济激励由回收公司提供，且对经济组被试所处的社区的所有居民提供。在公司经济奖励的吸引下，该社区多数居民参与了社区垃圾分类回收。然而，经济组被试可能会将其他居民参与垃圾分类并接受奖励这一行为视为一种自利性社群规范的体现，即"大多数人为了换钱才参与垃圾分类"。在这一情境中，被试可能也倾向于将自我视为更注重私利的人，由此减弱了自己的环保身份承诺感。如 Bowles（2008）等研究也认为，经济激励在实施过程中可能通过在社群层面营造理性利己的社会规范进而"挤出"社群成员的内在利他动机。因此在本实验中，经济激励也可能通过影响社会规范削弱了个体的自我环保形象动机。未来研究可以对这一猜测展开检验。

那么，为何身份承诺所中介的负向溢出路径普遍存在但并未引发经济激励对非目标行为的负向溢出？一种解释是本研究仍属于短期干预实验，经济激励的推行时间并不长，故对社会规范的影响还较弱。随着经济激励策略的长期实施及自利性社会规范的不断固化，外在奖励对身份承诺的"挤出"可能愈发强烈，进而导致负向溢出的显现。第二种解释是问卷测量本身可能存在系统误差。具体而言，问卷依次测量了两类承诺和行为题项。经济组被试可能在填写承诺题目后意识到自己对环保身份的承诺感较低，这可能增强了他们的"自我展现"动机（self-presentation motivation），并促使他们在后续作答中有意提高了自己的参与水平，进而导致总的溢出效应并不显著。后续研究应当采用实际指标测量居民的环保行为水平，避免受访者在提供自我测评数据时可能展现的"社会期许"误差，并进一步检验本研究的发现。

最后，不同于调查实验结果，本实验并未发现经济激励策略会对环保目标承诺产生影响，因此假设 2a 未能得到支持。这可能是因为本实验运用环境关心量表的指标测量被试的环保目标承诺。尽管环境关心与环保目标承诺紧密关联，但环境关心这一构念指代人们对环境问题的一般性认知程度，以及对环保举措的支持度（Dunlap & Jones, 2002）。环保目标承诺则进一步反映环境保护在个体意图追求的多重目标中的相对中心地位。事实上，人们普遍具有较高的环境关注度，但参与环保的具体动机与行为水平却因人而异（Tam & Chan, 2017）。因此，环境关心度这类一般性指标可能无法准确地反映出经济组被试在环保目标承诺感上的认知波动。

第二节　长期田野准实验

由于现实世界中行为干预政策往往长期开展，不同策略下溢出效应是否稳定？目前检验行为溢出长期趋势的实验研究凤毛麟角（Maki et al., 2019）。新近研究集中对信息宣传策略下的溢出效应展开检验。例如，Ek 与 Miliute-Plepiene（2018）对瑞典 244 个城市 2006—2015 年垃圾重量的面板数据展开双重差分检验，考察厨余垃圾分类宣传政策（2012 年引入）对包装材料垃圾回收行为的溢出效应。结果表明厨余垃圾分类政策对包装袋循环利用行为具有正向溢出：包装材料垃圾回收量在食物垃圾分类政策引入后平均增加了 5%～0%，且增长率逐年递增，这一递增的趋势很可能与政策在城市内的逐步推广有关。然而，这一研究基于城市层面数据展开，并非个体层面的行为研究。Jessoe 等（2021）对美国南加州部分居民展开了为期一年的田野实验，检验针对夏季家庭节水的社会规范信息策略会不会对同时期的用电行为产生影响。结果表明该信息策略降低了1.3% ～ 2.2% 的家庭用电量，即具有正向溢出。类似地，Carlsson 等（2020）对哥伦比亚的 1012 户家庭开展了为期一年的田野实验，检验了节水的社会信息宣传运动对家庭节电行为的溢出效应，并且分析这一溢出效应在不同特征家庭中呈现的异质性。结果表明，社会信息运动对节电行为的正向溢出仅在初始节水程度高并在干预期内积极参与节水行为的被试中发现。

总体而言，目前仅有少数研究检验了长期框架内信息宣传干预引发的溢出效应。这些初步的证据指出行为溢出并非一类短暂的心理现象，它们在信息宣传策略下长期稳健。然而，鲜有研究对经济激励策略下的行为溢出效应展开实证检验。我们设计了长期的田野准实验，意图弥补既有研究的这一不足。

一、实验设计

（一）实验流程

本研究开展了一项长期田野准实验进行假设检验，实验于 2019 年 1月至 2020 年 6 月在浙江省安吉县开展。为响应我国近年来的垃圾分类政策，安吉县政府与一家大型回收公司 H 合作，于 2019 年 3 月启动了一项垃圾分类回收项目。该项目涵盖城区内 11 个社区的 31 个小区（超 10000户家庭）。引入该项目的小区必须具有基本回收设施和较大的人口规模。该项目主要采取经济激励方式促进垃圾分类：为参与垃圾分类并将其投掷于社区投放点的居民提供金钱奖励（回收公司在社区周边开设了超市，居民可凭借环保积分在超市中购买食用油、大米和调味品等生活必需品）。

在项目启动前（2019 年 1 月），研究团队在拟引入经济激励项目的 31 个小区中随机选取了 5 个小区作为干预组。在当地政府工作人员的协助下，研究团队另选 5 个小区作为对照组。选取标准参照 Agrawal 等（2015），具体为：（1）研究期内不计划引入该项目；（2）地理位置相近但不与干预组小区毗邻（以防止干预组小区与对照组小区居民之间的相互干扰）；（3）在人口和基础设施方面与干预组小区相似。研究组在各小区内随机抽取 50～150 户家庭（具体人数取决于小区人口数量），并从每户家庭中随机选取了一名成年人。本次抽样调查共抽取 1070 名居民，其中 827 名居民参与了前测调查（2019 年 2 月）。

在项目启动 6 个月之后（2019 年 9 月），研究团队对参与前测的居民展开第一次后测（以下简称"后测 1"），共有 547 名居民（干预组：284 名；对照组：263 名）完成了此次调查。样本留存率为 66%。该比率与其他长期田野准实验研究相当（如 Agrawal et al., 2015）。流失样本比留存样本更年轻且受教育水平更高，但对于其他前测题项，两类样本在 Bonferroni 校正的 p 值水平（$p=0.004$）上无显著差异。在项目启动 15 个月后（2020 年 6 月），研究团队对所有参与第一次后测的居民进行了第二次后测（以下简称"后测 2"），共有 526 名居民（干预组：273 名；对照组：253 名）完成了该轮调查。对于所有前测题项，两次后测样本在 $p=0.05$ 水平上不存在显著差异。在每次调查中，经过培训的志愿者登门邀请居民填写问卷，并向同意作答的居民赠送礼品（纸巾）。志愿者或居民均不知晓研究目的和实验条件。

作为操纵性检验，两次后测均调查了干预组居民的垃圾分类项目参与情况。有 7 位居民在第一次后测中表示之前未参与过回收项目，有 3 位居民在第二次后测中表示之前未参与过回收项目。将这些样本剔除并不会对后续数据分析结果产生影响，因此他们仍然保留在样本中。最终样本量（后测 1：547；后测 2：526）。事后统计效力分析表明，该样本量能够在含有 10 个解释变量的多元线性回归中检验出小额效应量的统计效力为 0.8（双尾检验，p=0.05），故具有充足的统计效力。与 2019 年安吉县和浙江省的人口普查结果相比，[①] 本文的样本包含了更少的女性（样本：47%；安吉县：51%；浙江省：48%）和 60 岁及以上居民（样本：19%；安吉县：23%；浙江省：23%），以及更多的大专及以上学历居民（样本：32%；安吉县：暂无学历统计数据；浙江省：16.5%）。

（二）问卷测量

在干预开展前，研究团队对设计好的原始问卷展开了小规模的预调研，依据居民的反馈意见适当调整了问卷结构、题量和表述，形成了最终的实验问卷。每轮问卷调查均测量了个体垃圾分类水平、对垃圾计量收费和处理站政策的支持度，以及两类承诺感。由于研究采用准实验设计，因此在前测中还测量了若干协变量，以评估实验组间的潜在基线水平差异。研究使用基于链式方程的多变量插补法（van Buuren, 2018）对前测中的缺失数据进行插补（后测数据无缺失）。

1. 垃圾分类行为和政策支持度

研究测量了居民在过去 6 个月中参与垃圾分类的频率，各题项用李克特 5 点量表赋值（1="从来不"，5="总是"）。该题项用于检验垃圾分类回收政策对其目标行为的影响。此外参照第四章的调查实验，研究还测量了居民对两类未来可能在安吉实施的垃圾治理政策（计量收费和垃圾处理站）的支持度（1="非常不支持"，5="非常支持"）。这些题目用于检验回收项目对非目标行为的溢出效应。具体而言，第一类政策意图在杭州市

---

① 安吉县人口普查数据来源：http://www.anji.gov.cn/hzgov/front/s573/zwgk/jjhshfztjxx/tjgb/20190820/i2413060131.html；杭州市人口普查数据来源：https://data.stats.gov.cn/easyquery.htm?cn=C01&zb=A0301&sj=2019。检索日期：2021 年 5 月 1 日。

开展生活垃圾计量收费，即根据垃圾重量对居民收取垃圾处理费，以鼓励居民减少日常垃圾排放，实施垃圾减量行为。本研究结合广州垃圾计量收费试点标准和安吉县 2019 年的物价水平，估算每户家庭每年会支付 50 元的垃圾处理费。第二类政策意图修建更多的资源化处理站，用于提高废弃物的资源化与无害化。问卷进一步表示，这些处理站将符合清洁标准，不会对周边居民有影响。

2. 两类承诺感

对于环保目标承诺路径，本研究参照 Agrawal 等（2015）和 Chervier 等（2019），测量了居民参与执行难度较高且无经济奖励的环保行为的意愿（1="不愿意"，5="愿意"），该题项揭示了人们面对环保和利己目标冲突时的真实偏好。虽然使用单一题项测量心理感知变量可能会带来潜在测量偏误，但过往研究表明，当题项具有清晰的测量结构时，该方法仍然是恰当的（Postmes et al., 2013）。参照相关研究（van der Werff et al., 2013a），本研究设计了三道题目考察个体对环保身份的承诺感，分别为"我是一个不在意个人得失、愿意无偿贡献自己力量的环保主义者""环境保护是我生命中的重要部分"和"我是一类非常想参加环境保护的人"（在三轮测试中，Cronbach's α=0.85–0.86）。受访者按照李克特 5 点量表对上述题目进行评价（1="完全不同意"，5="完全同意"）。将三个题目求平均用于测量环保身份承诺。

3. 协变量

前测问卷中测量了若干可能影响居民环保行为与环境政策支持度的协变量，包括：个体的利他、生态、利己和享乐价值观，环保规范感知，环保自我效能感，个体内在环保规范，环保偏好，地方实际环保规范，环境保护重要性感知，个体环保行为重要性感知，性别，年龄，受教育水平，家庭月收入水平和所处镇街。对于这些协变量的具体测量题项和方法请参见 Ling 与 Xu（2021a）。表 5-9 展示了研究变量的描述性统计。由于研究变量较多，这里不再展示各变量之间的相关关系矩阵。

表 5-9　长期田野准实验研究变量的描述性统计

变量	总样本（$N = 525$）		干预组（$N = 272$）		对照组（$N = 253$）		取值范围
	均值	标准差	均值	标准差	均值	标准差	
垃圾分类行为（T_0）	3.39	1.12	3.52	1.10	3.24	1.12	1～5
计量收费支持度（T_0）	3.62	1.19	3.42	1.17	3.83	1.18	1～5
处理站支持度（T_0）	4.05	1.06	4.10	0.91	4.00	1.19	1～5
环保目标承诺（T_0）	3.87	0.99	3.83	0.90	3.90	1.07	1～5
环保身份承诺（T_0）	3.82	0.82	3.83	0.82	3.81	0.82	1～5
垃圾分类行为（T_1）	3.92	1.02	4.17	1.03	3.64	0.94	1～5
计量收费支持度（T_1）	3.37	1.51	2.85	1.56	3.93	1.24	1～5
处理站支持度（T_1）	4.21	1.00	4.04	1.01	4.39	0.96	1～5
环保目标承诺（T_1）	3.82	1.18	3.50	1.28	4.16	0.96	1～5
环保身份承诺（T_1）	4.05	0.80	3.90	0.80	4.21	0.76	1.67～5
垃圾分类行为（T_2）	4.04	0.96	4.42	0.86	3.63	0.91	1～5
计量收费支持度（T_2）	3.74	1.32	3.46	1.39	4.05	1.17	1～5
处理站支持度（T_2）	4.29	0.93	4.27	0.91	4.31	0.95	1～5
环保目标承诺（T_2）	4.06	0.96	4.03	0.96	4.10	0.97	1～5
环保身份承诺（T_2）	4.17	0.71	4.18	0.73	4.17	0.70	1.33～5
利他价值（T_0）	4.42	0.93	4.34	0.98	4.51	0.86	0.75～6
环保社会规范感知（T_0）	4.03	0.76	4.07	0.71	3.98	0.81	1.5～5
环保自我效能感（T_0）	3.99	0.82	4.06	0.77	3.92	0.86	1～5
内在环保规范感知（T_0）	4.13	0.80	4.16	0.74	4.09	0.87	1～5
生态价值（T_0）	4.66	0.80	4.61	0.85	4.72	0.73	1.5～6
享乐价值（T_0）	4.05	1.38	4.51	1.06	3.55	1.51	0.33～6
自利价值（T_0）	2.77	0.97	2.87	1.00	2.67	0.91	0.2～6
环保偏好（T_0）	3.30	0.79	3.33	0.86	3.26	0.71	1～5
地方实际环保规范（T_0）	3.31	0.20	3.37	0.23	3.25	0.14	3.10～3.72
环境保护重要性感知（T_0）	4.15	0.95	4.17	0.89	4.14	1.00	1～5
环保行为重要性感知（T_0）	4.09	1.10	4.24	0.87	3.94	1.28	1～5

续表

变量	总样本（N = 525）		干预组（N = 272）		对照组（N = 253）		取值范围
	均值	标准差	均值	标准差	均值	标准差	
女性（T_0）	0.47	0.50	0.53	0.50	0.40	0.49	0/1
年龄（T_0）	46.86	13.82	44.29	14.50	49.62	12.51	20～90
受教育程度（T_0）	3.94	1.28	4.21	1.33	3.66	1.15	1～7
家庭月收入（T_0）	2.38	1.26	2.44	1.33	2.32	1.18	1～6
所处镇街	0.62	0.49	0.60	0.49	0.64	0.48	0/1

注：T_0 表示前测，T_1 表示第一次后测，T_2 表示第二次后测。

二、数据分析

（一）基于倾向值得分的逆概率加权

由于实际政策往往无法做到在居民个体层面展开随机分配，本研究采用田野准实验方法检验经济激励政策的效果。由于缺乏随机分配，干预组（引入经济激励垃圾分类项目）与对照组（未引入对应项目）在基准特征上可能存在差异，这会干扰因果推断。表5-10 展示了两组在前测变量上的组间差异。共 11 个前测变量的组间差异在 $p=0.05$ 的水平上显著。在评估干预效果前，我们首先使用倾向值得分（propensity score）技术解决基准特征组间不平衡问题。

表 5-10　实施拟概率加权程序（IPW）前后两组基准差异

编号	前测变量	IPW 实施前			IPW 实施后		
		干预组	对照组	组间差异	干预组	对照组	组间差异
A	垃圾分类行为	3.52	3.24	0.28**	3.47	3.48	-0.01
B	计量收费支持度	3.42	3.83	-0.41***	3.68	3.70	-0.02
C	处理站支持度	4.10	4.00	0.10	4.18	4.19	-0.01
D	环保目标承诺	3.83	3.90	-0.07	3.99	3.92	0.07
E	环保身份承诺	3.83	3.81	0.02	3.84	3.79	0.05
F	环保社会规范感知	4.07	3.98	0.09	4.06	4.06	-0.002
G	环保自我效能感	4.06	3.92	0.14*	4.04	4.02	0.02

续表

编号	前测变量	IPW 实施前			IPW 实施后		
		干预组	对照组	组间差异	干预组	对照组	组间差异
H	内在环保规范感	4.16	4.09	0.07	4.14	4.10	0.04
I	利他价值	4.34	4.51	-0.17*	4.46	4.46	-0.01
J	生态价值	4.61	4.72	-0.11	4.67	4.72	-0.05
K	享乐价值	4.51	3.55	0.96***	4.12	4.05	0.08
L	自利价值	2.87	2.67	0.20*	2.72	2.71	0.01
M	环保偏好	3.33	3.26	0.07	3.32	3.30	0.02
N	环境保护重要性感知	4.17	4.14	0.03	4.22	4.20	0.02
O	环保行为重要性感知	4.24	3.94	0.30**	4.21	4.14	0.07
P	女性	52.94	39.92	13.02**	49.44	49.25	0.19
Q	年龄	44.29	49.62	-5.33***	47.60	46.73	0.87
R	受教育程度	4.21	3.66	0.55***	4.00	4.03	-0.03
S	家庭月收入	2.44	2.32	0.12	2.46	2.49	-0.03
T	地方实际环保规范	3.37	3.25	0.12***	3.31	3.26	0.05**
U	所处镇街	59.59	63.64	-4.05	66.63	66.60	0.03

注：* 表示 $p < 0.05$；** 表示 $p < 0.01$；*** 表示 $p < 0.001$。

在项目（政策）效果评估的计量文献中，倾向值得分一般被定义为"基于可观测基准特征所估计的实验对象接受实验干预的概率"（Rosenbaum & Rubin, 1983）。在实际运用中，研究者通常按照如下方式计算个体的倾向值得分。首先，构建自变量为基准特征、因变量为是否接受实验干预的二元 logistic 回归；其次，将回归结果的拟合值作为实验对象的倾向值得分（Austin, 2011）。Rosenbaum 与 Rubin（1983）已经证明了该倾向值得分是对基准变量及其分布的最佳表征。同时，在倾向值得分得到控制的情况下，是否接受实验干预与基准变量之间独立不相关。因此，我们可以通过平衡各组倾向值得分的方式实现消除组间基准特征不平衡这一目的。

目前学界共开发出四类倾向值得分技术：倾向值得分匹配（将倾向值得分相似的干预组与对照组对象配对）、倾向值得分分层（将两组对象按照倾向值得分分成若干群组）、逆概率加权（基于倾向值得分计算样本权重；inverse-probalibity-weighting/IPW）及直接将倾向值得分纳入回归模型予以控制。既有研究表明，在减少基准特征组间差异上，倾向值得分匹配与逆概率加权法效果最好（Austin, 2011）。然而匹配法的一大缺点是，可能会有很多控制组对象因其得分不与干预组对象近似而被剔除（Guo & Fraser, 2015）。由于本研究样本量不大，采用倾向值得分匹配可能会影响统计效力。因此，我们采用逆概率加权法消除组间差异。

参照既有研究，我们首先构建自变量为前测变量、因变量为本小区是否引入经济激励项目的 Logistic 回归，并用其拟合值作为实验对象的倾向值得分。研究表明，在计算倾向值得分时，应该纳入所有与项目效果评估指标（即垃圾分类与政策支持）相关的基准变量，而非仅仅纳入组间具有显著不平衡的基准变量（Austin et al., 2007）。因此我们纳入所有前测变量。在得到实验对象的倾向值得分估计值后，基于以下公式计算实验对象的逆概率权重：

$$\omega_i = \frac{Z_i \times P(Z_i = 1)}{e_i} + \frac{(1 - Z_i) \times \left[1 - P(Z_i = 1)\right]}{1 - e_i}$$

式中，Z_i 表示是否接受实验干预；e_i 表示基于前测变量计算的倾向值得分；$P(Z_i = 1)$ 表示干预组对象所占比例。通过该公式计算的权重能够保证加权样本量与初始样本量一致（Xu et al., 2010），且规避倾向值得分中的异常值带来的统计偏误（Hernán et al., 2002; Robins et al., 2000）。

我们进一步评估了使用逆概率加权技术是否能够有效缓解基准特征组间不平衡问题。首先使用 Imai 与 Ratkovic（2014）开发的检验程序，发现逆概率加权技术总体上消除了前测变量的组间不等同（$\chi^2 = 6.577$, $p = 0.999$）。由于基准平衡是一个大样本特征，即使使用倾向值匹配方法，也有可能在个别变量上仍然观测到组间不等同（Austin, 2011），因此我们进一步采用如下方法对具体前测变量的组间差异展开检验。

（1）如表 5-10 所示，当使用逆概率加权技术后，仅地方实际环保规范的组间差异达到 $p=0.05$ 的显著水平。

（2）计算各前测变量组间差异的标准偏差，分析组间差异的具体程度（Austin & Stuart, 2015）。一个在组间完全平衡的变量的组间差异标准偏差应为 0。有学者认为当标准偏差小于 0.1 时，该变量可以被认为实现了组间平衡（Austin, 2009）。也有研究采用 0.25 作为判断变量组间平衡性的阈值（如 Stuart et al., 2013）。如图 5-1 所示，在逆概率加权技术实施前，有14 个前测变量的组间差异标准偏差超过 0.1。在逆概率加权技术实施后，仅地方实际环保规范的组间差异标准偏差超过 0.1（0.25）。

（3）变量的组间平衡意味变量的分布也应当呈现组间近似的特征。效仿 Rubin（2001），我们计算了各前测变量在两组的方差比，用于评估变量的分布是否组间近似。对于在各组完全平衡的变量，其方差比应为 1。当方差比小于 0.5 或大于 2，则认为该变量的分布在组间不平衡（Rubin, 2001）。绝大多数前测变量的方差比在 0.5 ~ 2 的区间内且逼近 1，唯一的例外是地方实际环保规范，该变量的方差比为 2.24。

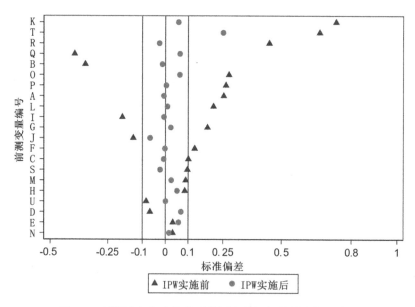

图 5-1　拟概率加权实施前后前测变量组间差异的标准偏差

综上所述，逆概率加权技术的适用的确消除了绝大多数前测变量的组间不平衡，唯一的例外是地方实际环保规范。过往研究建议，当采用逆概率加权技术后仍然存在部分变量组间不平衡，可以在使用逆概率加权的基础上，进一步在回归方程式中控制基准变量（Nguyen et al., 2017），以此实现逆概率加权设计框架中的双重稳健性（Morgan & Winship, 2014）。本研究采纳了这一建议，在后续统计分析中，将基于倾向值得分的逆概率权重作为回归分析的抽样权重，同时将所有前测变量作为控制变量纳入回归分析中。

（二）经济激励型垃圾分类项目的效果检验

首先检验回收项目对居民垃圾分类行为的影响。对于每个后测行为，我们构建了一个最小二乘回归，自变量包括实验分组和前测变量。图 5-2 展示了核心结果。后测 1 和后测 2 均表明，经济激励项目显著提高了居民的垃圾分类行为。相比于后测 1，这一积极效果在后测 2 中更强（$\Delta=0.29$，$p=0.02$）。

接下来采用相同的回归设定，检验垃圾分类项目对其他垃圾治理政策支持度的溢出效应。如表 5-10 所示，后测 1 结果表明，经济激励策略显著降低了民众对计量收费政策和垃圾处理站的支持度。因此经济激励政策诱发了负向溢出。后测 2 结果表明，经济激励策略对计量收费政策具有负向溢出，但相比于后测 1 效应量明显变小（$\Delta=0.73$，$p < 0.001$）。类似地，经济激励策略对垃圾处理站支持度的负向溢出不再显著（$\Delta=0.38$，$p=0.007$）。这些结果意味着，经济激励诱发的负向溢出效应在长期呈现衰弱趋势。

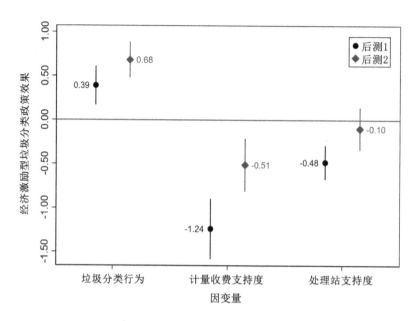

图 5-2　经济激励项目对垃圾分类行为与政策支持度的影响

注：实点代表回归系数，竖线代表系数的 95% 置信区间。置信区间不包括 0 表示系数在 $p=0.05$ 水平上显著。$N=525$。完整回归结果参见附录 C。

（三）溢出效应的中介路径检验

我们进一步检验负向溢出的中介路径。由于自变量对中介变量具有显著影响是中介效应成立的必要条件，我们首先检验经济激励项目对两类承诺感是否具有显著影响。对于每个承诺感变量，我们构建了一个最小二乘回归，自变量为实验分组和所有前测变量。图 5-3 展现了核心回归结果。后测 1 和后测 2 均表明，经济激励对两类承诺具有显著的负向影响。相比于后测 1，后测 2 中经济激励的负向影响更弱（环保目标承诺：$\Delta=0.68$，$p<0.001$；环保身份承诺：$\Delta=0.23$，$p=0.017$）。

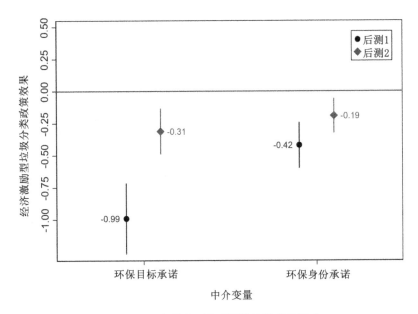

图 5-3　经济激励项目对两类承诺感的影响

注：实点代表回归系数，竖线代表系数的 95% 置信区间。置信区间不包括 0 表示系数在 p=0.05 水平上显著。N=525。完整回归结果参见附录 C。

由于自变量对中介变量的显著影响得到了确证，接下来研究使用偏差校正的非参数百分位 Bootstrap 法（重复取样次数为 5000）对中介效应展开正式检验。对于每一类政策支持度，我们构建了一个多元中介效应模型。在模型中，自变量是实验分组，两类承诺感是中介变量，所有前测变量为控制变量。检验结果如图 5-4 所示。在绝大多数情况下，两类承诺感中介了经济激励对其他垃圾政策支持度的负向溢出。唯一的例外是在后测 1 中，当因变量是垃圾处理站支持度时，环保身份承诺构成的中介路径不显著。造成这一结果的原因是当同时控制两类承诺感时，环保身份承诺对处理站支持度无显著影响（b=0.089, p=0.145）。由于两类承诺感在后测 1 存在较强的相关关系（r=0.471, $p < 0.001$），同时将两类承诺感纳入中介效应模型可能造成多重共线性，进而人为遮蔽了环保身份承诺的中介效应（Ling &

Xu, 2021b; Preacher & Hayes, 2008）。因此，我们对后测 1 的处理站支持度构建了一元中介效应模型，模型与前文的多元中介模型设定类似，但仅纳入环保身份承诺作为中介变量。结果支持了"经济激励 → 环保身份承诺 → 处理站支持度"这一负向路径的存在（ *b*=-0.113, boostrap 95%CI = [-0.199, -0.054]）。

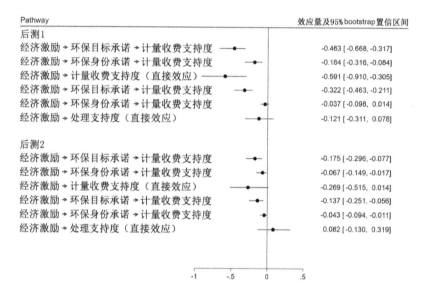

图 5-4　行为溢出的 Bootstrap 中介效应检验结果

三、讨论

（一）经济激励的短期效果

基于一个为期 15 个月的长期田野准实验，我们检视了安吉县所实施的经济激励型垃圾分类项目对居民垃圾分类行为的影响，以及对其他垃圾治理政策支持度的溢出效应。研究在激励项目启动 6 个月后展开了第一次后测，结果表明，经济激励显著提升了居民的垃圾分类水平。该发现与基于其他国家（如 Maki et al., 2016; Varotto & Spagnolli, 2017）及中国其他地区居民（如 Xu et al., 2018a）的过往研究一致，表明瞄准个体利己偏好的经济激励能够促使居民改善自身的垃圾分类行为。虽然经济激励对目标行为产生了预期效果，但削弱了公众对垃圾计量收费政策和处理站政策的支持度。该发现支持了假设 5b，表明强调目标行为经济价值的政策干预会诱发负向溢出，使居民更不愿意支持其他垃圾治理政策。

研究进一步检视了经济激励策略下行为溢出的潜在机制。与假设 2a 与 2b 一致，环保目标承诺与自我环保身份承诺的弱化是经济激励下负向行为溢出的中介路径。值得注意的是，与环保身份承诺路径相比，环保目标承诺路径的效应量更大。这可能是因为除了"自我推断"机制外，经济激励还可能通过其他路径削弱个体的环保目标承诺。例如，经济激励能够使人们在决策时更多考虑经济收益而非道德准则，即个体的环保逻辑从道德主导转为利益驱动，进而"挤出"了个体的环保目标承诺（Ling & Xu, 2021b; Rode et al., 2015）。

此外中介效应分析表明，经济激励对计量收费政策支持度具有直接效应。这一结果意味着仍有其他未知路径能够促生经济激励项目对计量收费政策的负向溢出。这一结果同时也解释了为何经济激励对计量收费政策的负向溢出效应（b=-1.24）比对垃圾处理站政策的负向溢出（b=-0.51）更强。可能的原因是，经济激励使人们更加关注"获得金钱"这一目标（Xu et al., 2018b），而计量收费政策需要人们缴纳费用，从而产生目标冲突。此外，经济激励是一类典型的正强化干预（positive reinforcement），能够向人们传递"行为是个体自我决定的，外部干预应当是支持性的（supportive），通过嘉奖的方式促使居民实施政策意图推广的行为"的信号（Xu et al., 2018a）。相反，计量收费政策通常则是一类负向强化干预（negative reinforcement），迫使人们实践垃圾减量。这可能会威胁人们的自我决定感（self-determination），使得人们产生抵抗情绪。

（二）经济激励的长期效果

本研究的一大贡献在于检视了经济激励策略下行为溢出的长期变化趋势。在项目启动 15 个月后，我们展开了第二次后测。该轮调查表明，经济激励项目对垃圾分类行为的效果历时增强。这可能是由于个体的行为习惯逐渐形成（外部激励可能会使分类行为转化为个人习惯；Li et al., 2021）和社会影响不断增强导致的（居民可能会通过人际互动和社会学习而互相影响，从而诱发同伴效应；Ling et al., 2021）。相反，负向溢出效应随着时间的推移而减弱。尽管如此，经济激励对计量收费政策支持度的负向溢出在后测 2 中仍然显著，这说明经济激励下负向行为溢出虽然有衰减趋势，但仍长期存在。

为何经济激励下负向溢出会存在衰减趋势？Lanzini 和 Thøgersen（2014）的研究提供了一个可能的解释。他们认为，当个体长期践行受奖励的环保行为后，人们可能会从追求利益目标转向追求环保目标。考虑到现有的政府宣传、社会沟通及地方垃圾污染的改善，可能会使人们认识到垃圾分类能够为环境和集体利益做贡献，因此随着时间推移，个体的确会更加关注环保目标。这可能会促使个体对之前的环保行为进行内部归因，从而减弱负向溢出效应（Ling & Xu, 2021b）。

综合而言，长期实验的发现对于垃圾和环境治理具有重要政策启示。研究发现的核心启发在于，垃圾治理的多重政策措施之间可能存在冲突。我们的研究显示，垃圾分类的经济激励措施会降低居民对其他垃圾治理政策（计量收费和垃圾处理站）的支持度。由于公众的支持决定了环境政策能否有效施行，这一负向溢出效应可能会削弱其他垃圾治理政策的效果。因此，在设计和评估环保政策时必须考虑负向溢出引发的潜在成本，决策者应当重视不同政策措施间的整体关系，而不是采取单一的视角孤立地评估政策效果。

第三节　本章小结

本章首先基于一个为期3个月的短期田野准实验，较为全面地检视了社区居民在垃圾分类实际参与过程中所展现的行为溢出效应。该实验主要检验环保信息宣传与经济激励两类策略下的行为溢出的发生机制及具体形态差异。同时，通过系统性比较垃圾分类对若干私人与公共领域的环保行为产生的影响，该实验也试图识别行为难度属性对溢出效应的潜在调节作用。针对既有文献尚未对经济激励下行为溢出的长期变化趋势展开检验这一不足，本章进一步汇报了一个为期15个月的长期田野准实验。该实验聚焦经济激励策略下行为溢出及其发生路径的历时变化趋势。主要研究结论如下：

（1）作为当前社区推进生活垃圾分类过程中普遍采取的两类动员策略，宣传教育与经济激励均能够显著改善居民参与垃圾分类的水平，且两类策略的干预效果不分伯仲。然而，相比于以个体经济理性为落脚点的奖励策略，强调垃圾分类环保价值的信息干预手段更易促生垃圾分类对其他环保行为的正向溢出。

（2）行为难度对环保信息宣传策略下正向溢出的发生具有影响。宣传策略下对垃圾分类的参与更容易对难度较低的非目标行为产生正向溢出，但不对难度较高的非目标行为产生负向溢出。然而，实验问卷并未对居民行为难度感知进行直接测量，而是以行为前测水平的差异作为行为难度的代理变量，行为难度与溢出效应之间的关系仍需后续研究进一步检验。

（3）"自我推断"模型的两类承诺机制对行为溢出具有良好的解释力。不断强化的环保目标承诺感是宣传策略下垃圾分类正向溢出的主要发生机制，而外在奖励对环保目标承诺及自我环保身份认同的弱化则是经济激励策略诱发负向溢出效应的两个重要原因。

（4）既有文献发表环保信息宣传下正向行为溢出具有长期稳定的特征。本章的长期田野准实验进一步表明，经济激励策略下的负向溢出具有历时衰减的特征。这一衰减趋势可能与人们在长期环保实践中不断了解受奖励行为的社会收益、进而对目标行为展开内在归因有关。

（5）本章的主要学术贡献有：①当前行为溢出的实验研究仍以实验室实验为主，本章运用田野准实验法，检视了真实政策推广过程中社区居民展现的行为溢出效应，尤其关注两类重要的环保行为干预策略对溢出效应的影响，为学界提供了重要的文献补充；②在第四章调查实验的基础上，本章的田野准实验结果再次确证了"自我推断"模型对行为溢出发生机理的解释效力，为该模型的应用推广提供了进一步的经验支撑；③本章的长期田野准实验揭示了经济激励策略下负向溢出效应历时衰减的趋势，弥补了既有文献缺乏对经济激励策略下行为溢出历时变化模式进行考察的不足。

（6）本章的不足主要有：①由于现实条件局限，本研究未能对实验样本展开完全随机分配，这可能对实验结果具有一定影响；②由于个体环保行为的客观数据难以获取，本实验基于既往研究普遍采用的自我测评数据来衡量居民的行为水平，故难以有效回避问卷调查中存在的测量误差；③本实验并未进一步检视个体价值与社会规范对行为溢出的潜在影响。

第六章

综合讨论与政策内涵

本章的第一节将对两类实验结果展开综合讨论；第二节细致阐释研究发现的政策内涵；第三节对本章内容进行小结。

第一节 综合讨论

综合而言，两类实验研究结果较为充分地支持了本书提出的"自我推断"模型，以及在此基础上构建的影响因素框架。假设检验结果汇总如表6-1所示。

表6-1 假设检验结果汇总

	理论假设	检验结果
内在机理	H1a：过往环保行为对环保目标承诺感的强化将促生行为间的正向溢出。	支持
	H1b：过往环保行为对自我环保身份承诺感的强化将促生行为间的正向溢出。	不支持
	H2a：过往环保行为对环保目标承诺感的弱化将诱发行为间的负向溢出。	支持
	H2b：过往环保行为对自我环保身份承诺感的弱化将诱发行为间的负向溢出。	支持
影响因素	H3a：个体对利他价值观的认同程度越高，行为的正向溢出更易发生。	不支持
	H3b：个体对生态保护价值观的认同程度越高，正向溢出更易发生。	不支持
	H4：后续环保行为难度越高，行为溢出发生的可能性越低。	支持
	H5a：强调目标行为环保价值的政策干预更易促生行为间的正向效应。	支持
	H5b：强调目标行为经济价值的政策干预无法产生正向溢出，甚至诱发负向溢出。	支持
	H6：社区环保规范越强，个体前后环保行为间的负向溢出越易发生。	支持

一、行为溢出的内在机理

本书构建了"自我推断"模型以期深入揭示环保行为溢出效应的发生机理。在这一模型中，个体借助过往行为对自身环保承诺及自我环保身份承诺的推断是解释行为溢出现象的核心机制。一方面，过往行为对两类承诺感的积极影响将促生正向溢出；另一方面，过往环保实践对两类承诺感的消极作用将诱发负向溢出。"自我推断"模型预设的两类承诺感路径较好地解释了两类实验研究中发现的溢出现象。调查实验结果表明，（回忆）过往垃圾分类行为减弱了被试对于环保目标和自我环保身份的承诺感，由此负向溢出得以发生。田野准实验结果表明，（环保信息宣传下）垃圾分类的实际参与行为显著提高了个体的环保目标承诺感，进而促生了正向溢出的发生；（经济激励策略下）垃圾分类的实际参与对自我环保身份承诺感的弱化作用构成了负向溢出路径。因此综合而言，实验研究发现垃圾分类行为经历对目标承诺的强化是正向溢出发生的关键路径，而该行为对两类承诺的弱化则是负向溢出发生的主要机制。

然而，两类实验均未发现过往垃圾分类行为会对自我环保身份承诺感产生积极影响，因此实验研究并未发现证据支持自我环保身份承诺是解释正向溢出效应的中介机制。这一结果与 van der Werff 和 Steg（2018）的发现一致。他们指出，出现这一现象可能是因为自我形象承诺是一个相对稳定的构念，并深受个体的基本价值观念的影响，因此不易得到强化。尽管如此，一些研究也发现当提示被试自己过往的多类环保行为实践或独特且较难的环保经历时，个体的自我环保形象认同也会增强，并进一步促使正向溢出的发生（Lacasse, 2016; van der Werff et al., 2013a, 2014a, 2014b）。这表明，初始行为的特质也可能影响自我环保身份承诺这一正向溢出路径能否显现。当提示个体过往已经自发参与了各类不同环保行为，或者已经践行了难度较高的环保行为时，初始行为经历越能帮助个体诊断自己的内在环保偏好（Gneezy et al., 2012; van der Werff et al., 2013a），此时他们更倾向于采取目标承诺的视角，以及继续参与其他环保行为。由于本书的两类实验研究聚焦的垃圾分类简单易行，且在社群中大规模推广，因此该行为本身具有的诊断性功能并不强，这可能是本文并未发现这一正向溢出路径的另一个原因。

"自我推断"模型有效地弥合了现有四类行为溢出理论之间的矛盾与争议（参见第三章第一节）。例如，"目标激活"与"单效偏见"均以环境关心作为行为溢出发生的关键机制，但前者认为过往环保行为能够强化个体环境关心度，进而促使他们参与其他环保行为；后者却假设过往行为会弱化个体环境关注度，从而减弱个体参与其他环保行为的意愿。"自我推断"模型提出，这两类理论事实上刻画了个体在连续决策过程中的不同推断过程。环境关心反映了个体对获得环境公共品的承诺感。当个体采用目标承诺视角审视过往行为时，他们更容易从过往行为中推断出环保目标对自己的重要性，因此也更乐于从事其他与环保目标相一致的行为，此时正向溢出发生。而当个体采用目标进展视角对过往行为展开推断时，他们更可能感到公益目标已然（部分）实现，这为他们参与后续利己行为提供依据，此时负向溢出得以发生。更进一步地，目标进展视角是个体展开"自我推断"过程的默认视角（参见第四章第三节相关讨论）。

又如，基于行为一致理论，既有研究认为个体能够从过往环保实践中获得良好的自我形象感，并进一步做出与此一致的行为。然而，道德许可理论则认为从过往实践中获取的良好的自我形象感恰恰会为个体后续的不道德行为（如环境污染行为）提供道德许可证。自我推断模型认为，自我形象感之所以会对后续环保行为产生截然不同的影响，是因为个体对自我环保身份承诺的推断有所差异。在目标承诺的视角下，个体更易将过往环保行为与自身稳定的态度与认同相联系，即将"成为一个关爱环境的人"

推断为个体自我定义的重要组成部分，因此个体也将在后续环保决策中维护前后行为的一致性（Susewind & Hoelzl, 2014）。然而在目标进展视角下，尽管过往环保行为使个体认为"自己是一个关爱环境的人"，即获得良好的自我形象感，但这一形象感并没有被个体真正内化为自身深层次的认同，反而为他们对实现"理想的道德自我"（moral identity ideal）这一目标的进展提供了依据，故个体对自我环保身份的承诺感会遭到弱化，而他们也更可能展现出前后行为的不一致（Jordan et al., 2011）。

更关键地，现有理论普遍认为，过往行为通过影响个体内在动机进而作用于后续行为是行为溢出发生的原因。然而，为什么过往行为会影响个体的内在动机？对于这一问题的解答无疑有助于追溯行为溢出发生的本源。现有理论仅是通过凸显过往行为对特定动机的影响以描述具体的溢出路径，并未深刻阐释这一基本问题。相反，"自我推断"模型提出，由于有限理性个体无法完美回忆自身的内在偏好，他们往往有意识或无意识地使用过往行为来推断环保目标对自身的重要性，如此，过往行为方能影响个体的内在动机及其后续行为，从而导致个体前后决策存在因果关联。综上，自我推断模型指明了行为溢出现象的发生本质，并对各类溢出路径进行了有效整合，故相比于现有溢出理论具有更强的解释效力。

尽管如此，在两类实验中均有少量溢出现象无法被两类承诺感解释，这说明仍有未知机制存在。依据自我推断模型，本书进一步提出了解释行为溢出的其他潜在路径（参见第四、五章相关讨论）。例如，当个体采取目标进展视角时审视过往行为时，其更可能认为自己已经在追求环保目标上取得了充分进展，这一进展感知的强化将进一步诱发负向溢出的发生（Fishbach & Dhar, 2005; Fishbach et al., 2006; Fishbach et al., 2009）。又如，各类学习理论认为个体也会在目标追求过程中不断获得相关行为的技能和自我效能感，因此也会提高参与其他环保行为的意愿，从而导致正向溢出

发生，而自我效能感更与个体的目标承诺感息息相关（Lauren et al., 2016;
Nilsson et al., 2017; Steinhorst et al., 2015; Thøgersen & Noblet, 2012）。后续
研究应当检验如目标进展感知、自我效能感等与"自我推断"过程紧密相
关的其他因素对行为溢出的解释效力，以进一步完善本研究发展的理论
模型。

二、行为溢出的影响因素

本书进一步辨析了个体的价值观念、后续环保行为难度、初始行为的
干预策略及社区环保规范等因素对"自我推断"机制的调节作用及其内在
机制，以此系统识别行为溢出具体形态的影响因素。

对于价值观念，理论预设认为个体越认同生态保护或利他等"自我
超越型"价值观念，正向行为溢出越容易发生。然而调查实验发现，个体
"自我超越型"价值观念的认同度对行为溢出基本无影响：个体的生态保护
价值观念不影响行为溢出的具体形态，而利他价值观念仅对一例负向溢出
产生弱化作用。进一步的中介效应分析表明利他价值对该例负向溢出的弱
化也并非因为其影响了"自我推断"机制产生。个体价值观念对行为溢出
影响微弱的可能原因是：其一，价值观念作为个体行为的基本驱动力，其
效果需借助如认同、规范感知等具体心理动机因素方能实现（Steg et al.,
2014），而这一渐进的影响又易受到具体情境因素干扰（Boer & Fischer,
2013; Ling & Xu, 2020; Verplanken & Holland, 2002），因此其影响力本身较
弱且并不稳定；其二，调查实验在个体价值观数据上存在一定比例的缺失，
因此样本流失可能也对检验的效度造成了一定影响。未来研究应当继续关
注对个体价值与行为溢出的关系，以确保本研究结果的可复制性（参见第
四章第三节相关讨论）。

对于行为难度，理论预设认为后续环保行为越难，行为溢出发生的

可能越小。调查实验发现，当后续公共行为的难度越高时，负向溢出现象发生越少；而田野准实验则表明，参与垃圾分类引发的正向溢出也不会对高难度行为发生，这些结果与理论预设一致，即当后续环保行为成本越高、难度越大时，无论正、负向溢出发生的可能性均更低。这一结果驳斥了既往研究认为后续难度越高负向溢出越易发生的简单猜想（Thøgersen & Crompton, 2009; Truelove et al., 2014）。这是因为，当面临高难度的行为时，个体的私益目标会被无意识激活，并成为引导个体决策的主要动机（Steg et al., 2014）。此时个体并不需要借助已有行为进行偏好推断，因此"自我推断"模型不再适用。然而，本书两类实验所纳入的环保行为种类依然有限，且并未对被试的行为难度感知展开直接测量，这些局限需要在后续研究中进一步完善。

对于行为干预，理论预设认为干预策略的具体类型是调节行为溢出形态的关键因素，强调目标行为环保公益属性的策略更易引发对非目标行为的正向溢出，但强调目标行为经济属性的政策框架或激励策略则很难促生正向溢出，甚至诱发负向溢出。调查实验结果表明，环保信息反馈下回忆垃圾分类行为不对任何公共环保行为产生溢出效应，而经济信息反馈则对三类行为产生负向溢出。田野准实验发现，在居民实际参与垃圾分类的过程中，环保信息宣传策略促生了垃圾分类对若干私人环保行为的正向溢出，而经济奖励策略对非目标行为基本无影响，甚至导致负向溢出路径的显现。这些证据充分支持了理论预设，即环保信息类政策框架能够促生目标行为对私人环保行为的正向溢出，甚至规避该行为对高成本公共环保行为的负向溢出；相反，经济激励策略下行为之间的正向溢出往往难以发生，该策略甚至会进一步诱发对高成本行为的负向溢出。

这些实验证据也与既有研究发现一致（Clot et al., 2013; Cornelissen et al., 2008; Geng et al., 2019; Steinhorst et al., 2015; Steinhorst & Matthies, 2016;

Thomas et al., 2016; van der Werff & Steg, 2018），尤其是对于经济激励策略的溢出效应分析更拓展了动机"挤出"的理论研究。目前，基于社会心理学与行为经济学的大量实证经验表明，尽管在传统"经济人"假设下经济激励被认为是动员个体参与公共品供给、实施亲社会行为的有效手段，但外部奖惩与个体内在社会偏好（social preferences）之间的冲突将会导致经济激励的"失灵"，甚至会对奖励意图改善的目标行为产生负面影响（Bowles, 2008; Bowles & Polania-Reyes, 2012; Deci et al., 1999; Rode et al., 2015）。行为溢出分析进一步表明，这类动机"挤出"现象将扩散至非目标行为，因此经济激励策略在动员个体的亲环境行为上可能具有多重消极影响的风险。

　　对于社会规范，既往行为溢出研究往往遵循"方法论的个人主义"，对于社会情境的考察尤其匮乏。本书依据莫斯科维奇的"转换理论"（Moscovici, 1980; Lalot et al., 2018, 2019）认为，社区环保规范越强，个体前后环保行为之间越易展现出负向溢出。与理论假设一致，调查实验发现，在强环保规范的社区中，（回忆）过往垃圾分类实践对公共环保行为参与意愿的负向溢出效应的确更加明显。这些发现无疑对社会规范研究提供了重要的补充。在单一行为的视角下，既有研究往往认为外部社会规范是促使个体积极参与环境保护的重要因素（Abrahamse & Steg, 2013; Bergquist et al., 2019; Cho & Kang, 2017; Farrow et al., 2017; Macias & Williams, 2016; Videras et al., 2012）。然而依据理论分析与实验证据，本书认为在行为溢出视域下，这一预设需要得到修正。个体对外部社会规范这一"多数派支持"的遵循往往伴随着对追求私益目标的压制（Bardi & Schwartz, 2003; Eom et al., 2016; Lönnqvist et al., 2006; Ling & Xu, 2020）。在连续决策过程中，当个体通过过往行为获取了"规范性凭证"后，其将采取平衡策略，转而追求私益目标，由此展现出行为的负向溢出。

　　然而，进一步的有调节的中介效应分析表明，社会规范对负向溢出的催化作用基本不源于其对本书预设的两类承诺机制的调节，而是对第三方负向路径的强化。由于社会规范的本质是个体将自身行为状态不断与外部规范展开比较的过程（Lalot et al., 2018, 2019），当居民实施了规范一致行为后，其可能减弱对社会规范这一社群目标的承诺感，继而转向追求个体的私益目标（Koo et al., 2009），因此个体对社群目标的承诺可能是社会规范对行为溢出影响的关键机制。本研究仅考察了居民对个体目标的承诺感机制，因此，未来研究应当进一步检视个体对社群规范目标的承诺感机制在行为溢出中的潜在作用，以此完善"自我推断"模型的解释效力（参见第四章第三节相关讨论）。

第二节　研究发现的政策内涵

一、结合行为溢出效应展开政策分析与评估

（一）摒弃单一行为视角，重视干预政策的"涟漪"效应

行为溢出现象的核心政策含义在于，居民的各类行为决策之间并非孤立的，而是呈现出复杂的关联模式，针对特定环保行为展开的政策干预可能凭借行为之间的溢出效应对非目标行为产生影响。这一方面可能通过行为正向溢出收获"事半功倍"的多重政策效果，另一方面也可能囿于负向溢出而产生潜在成本。因此，政策决策者应当重视干预策略可能催生的行为溢出，并将其纳入政策分析与评估体系之中。然而，当前无论学界抑或实践部门往往以目标行为的改善程度作为衡量政策效果的主要甚至唯一标准，基本忽略了政策干预对受众的非目标行为产生的"涟漪"效应。这一政策实践具有两大不容忽视的局限：其一，可能遮蔽了干预策略潜在的负向溢出风险，由此高估了政策的实际效果；其二，可能忽视了干预策略促生正向溢出的潜力，从而错失收获多重政策效果的机会。因此，决策部门

在政策效果分析时应当摒弃单一行为视角，全面考察干预策略对目标行为与非目标行为的影响，综合行为溢出的成本与收益进行政策设计与评估。

（二）开展政策实验，测算行为溢出的范围与程度

好的决策一定立足于高质量的经验证据之上，发现、累积和应用行为证据，是循证治理（evidence-based governance）的关键要义。尤其是对于行为溢出效应这类涉及个体行为之间复杂因果关联的现象，对其进行分析、评估和运用必须依循高质量的检验方法，其中以针对居民开展的实验检验为佳。为系统检视干预策略的溢出效应，决策部门可以在政策设计阶段运用田野实验等方法开展"政策实验"，借助大数据平台获得居民参与环境保护的实际行为数据，对比干预组与对照组居民在干预实施前后参与系列环保行为的实际变化，以测算特定干预策略对目标行为的效果及对非目标行为的影响范围和程度（行为溢出）。然后比较干预策略的直接效果和溢出效应，全面分析政策的收益与成本，并依据评估结果对干预策略进行修复与优化。在条件允许的情况下，还可以对干预的行为影响展开长期观测。当汇聚多类证据后，也应当运用元分析或荟萃分析技术（meta-analysis）对已有经验素材进行系统评价，[1] 通过这样的方式不断积累高质量的经验证据，辅助公共部门更好地分析与运用行为溢出规律。

二、政策组合总效果≠各政策效果之和

克服环境保护等公共品供给问题往往难以一蹴而就，需要公共部门实施多类配套政策予以解决。例如，对于垃圾污染问题的治理，不仅需要

---

[1]　作为一种对基础证据的再分析，元分析技术意在全面收集某一领域的相关经验证据，按照严格的标准对经验证据进行逐一评价，并用定量方法对各研究结果进行统计学合成与再分析，从而得到综合结果（张天嵩等，2015）。该方法对于研究结论不确定或争议较大的领域尤为适用（Maki et al., 2018）。如前文所述，当前行为溢出领域的研究发现纷繁复杂甚至相互矛盾，因此，使用元分析技术有助于评估行为溢出证据的总体结果，克服单一证据的分散性与"碎片化"。同时，针对结果异质性分析更为追溯行为溢出的影响因素提供了有效途径。

政府鼓励居民参与日常垃圾分类回收，也需要实施其他相关的垃圾治理政策，如计量收费以督促居民减少垃圾排放，或修建垃圾加工处理站以提高废弃物的循环利用水平。公众支持是政策取得良好效果的根本保障。在单一行为的视角下，政策组合的总效果往往被默认为组合内各类政策效果的简单加总。然而，由于个体参与或支持各政策意图改善的行为之间可能具有溢出效应，即个体响应一类政策后可能自发改变响应其他政策的意愿或水平，这使一类政策的推行可能会影响同一组合内其他政策的实施效果，因此，政策组合的总效果可能并不等于单一政策实施效果之和。

（一）警惕负向行为溢出造成的政策之间相互阻滞问题

当各政策目标行为之间呈现出负向溢出时，参与一类政策的目标行为会削弱受众参与或支持其他政策的目标行为，此时政策之间相互阻滞，政策组合的总效果小于各政策独立实施的效果之和。例如本书的调查实验发现，当居民回忆起过往的垃圾分类行为后，他们对其他垃圾治理政策（如计量收费、处理站修建）的支持度显著降低，程度竟高达 15% ～ 22%。这意味着，当居民响应了政府的垃圾分类政策后，其更不愿意支持其他配套政策，即垃圾分类政策的推行阻碍了其他垃圾治理政策的有效落实，进而削弱了政策组合的总效果。因此，决策部门在综合施策过程中应当警惕因受众展现出行为负向溢出而导致的政策相互阻滞问题，并致力于消除各类政策手段之间的潜在张力。

（二）催生正向行为溢出，实现各政策效果的"超累加性"

"超累加性"（Super-additivity）这一数学术语表示"$y(a+b) > y(a) + y(b)$"。当各政策目标行为之间呈现正向溢出时，参与一类政策的目标行为会强化受众参与或支持其他政策的目标行为，此时一项政策的推行有助于提高其他政策的实施效果，政策组合的总效果因此大于各政策独立实施的效果之和。例如，本书的田野准实验表明，（环保信息宣传策略下）居民参与垃圾分类实践能够提高个体参与日常节电等私人环保行为的水平。此时，垃圾分类政策的推行可能有助于提升家庭节能政策的实施效果。因此，政策制定者应积极寻求政策优化方案，催生各政策目标行为之间的正向溢出，从而实现政策组合内各干预政策效果的"超累加性"。

三、运用行为杠杆收获多重政策效果

行为溢出现象表明，当针对特定环保行为的干预政策促使居民参与目标行为后，该政策可能因行为间的正向溢出而对受众的非目标行为产生积极影响，由此收获多重政策效果。显然，如何激发正向行为溢出是这一行为杠杆规律能否得到成功运用的关键。本研究总体表明，当受众采取目标承诺视角审视过往环保行为时，他们更倾向于将该行为推断为自身内在环保偏好的证据，此时个体参与其他环保行为的意愿更强，行为之间的正向溢出也越容易发生。因此，促使居民采取目标承诺视角，使他们将过往环保经历与自身内在环保偏好相联系，是激发行为间正向溢出的关键途径。

（一）合理设计干预策略，谨慎使用经济激励手段

本书的理论与实验研究表明，针对政策目标行为的干预策略是影响居民"自我推断"视角选择及行为溢出形态的重要因素。在强调目标行为环保价值的政策框架下，个体更易遵循目标承诺视角。因此，决策部门可以考虑充分使用该类框架策略作为鼓励居民参与目标行为的主要干预手段，由此激发行为之间的正向溢出。这一策略的具体操作方式如大力宣扬政策目标行为的环保特征，或对践行者提供参与目标行为的环保归因反馈等。相反，强调目标行为经济属性的政策干预难以促生行为间的正向溢出，甚至诱发负向溢出。考虑到既有"动机挤出"文献已经指出经济激励策略对目标行为可能具有负面作用，而行为溢出研究也发现其对非目标行为的潜在消极影响，实践部门应当警惕使用经济激励手段动员公众参与环境保

护。当然，这并不意味着必须完全舍弃激励策略。由于经济激励对个体私益目标的激活和对公益动机的抑制是其产生负面影响的主要原因，因此修正激励策略所释放的"自利"信号或许有助于规避该策略的消极作用。例如，实践部门在对家庭环保行为实施奖励的同时，可以通过配套的信息宣传手段对受众的心理体验展开纠偏，如强调目标行为对环境保护的积极贡献，以及奖励本身是对参与环保的赞扬与认可等，这可能也会促使受众采取目标承诺视角审视受奖励行为，进而促生行为之间的正向溢出。

（二）关注政策运行的社会情境，激发规范服从行为的正向溢出

实践部门应充分考量环保行为干预政策所运行的社会情境。尽管社群环保规范越强，居民参与环保行为的水平一般更高，但由于居民普遍践行环保主义，环保规范一致行为本身对居民内在环保偏好的诊断性功能较弱，因此个体采取目标承诺视角审视规范服从行为的可能较小。此外，个体对规范的服从主要源于对社会认可的追求和对社会惩罚的规避，当初始环保经历为个体确证自己的规范性提供了依据后，个体更可能采取目标进展视角，将过往环保行为视为确证自身规范性的依据，以及偏离社会规范、追求私益目标的许可。例如本书的调查实验结果表明，行为负向溢出在环保规范影响越强的社区越容易显现。为促使居民维护前后规范行为的一致性，实践部门可以给予居民内部归因的信息反馈（如宣扬践行环境保护是出于个体对环保目标的内在认同），以加强初始规范一致行为的诊断性功能，并促使个体采取目标承诺视角展开"自我推断"；或强调初始行为仅仅是实现社群环保规范目标的一类途径，以纠正个体认为环保规范已得到充分实现的心理体验及其导致的规范偏离行为。

（三）降低非目标行为难度，扩大正向溢出的作用域

面对高难度环保行为，个体的私益目标会成为主要的动机因素，即使

采用目标承诺视角进行"自我推断"的个体也不乐于参与此类行为。例如，田野准实验表明，环保宣传策略仅促生政策目标行为对低难度行为的正向溢出，并不对高难度的非目标行为产生影响。因此对于这类行为，环保信息框架策略需要与降低行为难度的相关举措配合实施，即通过减少居民参与非目标环保行为的成本，降低个体对此类行为的难度感知，进而为正向溢出发生提供土壤，以此扩大"行为杠杆"的作用域。这类配套策略如，为居民提供更为完善的基础环保设施，提高个体参与环保的便捷性；或向居民宣传参与环保行为的知识和技能等信息，提升个体参与环保的能力。

第三节　本章小结

本章对两类实验研究结果进行了综合讨论，并对少数与预设不一致的发现进行了深入探讨。在此基础上，本章细致阐述了研究发现的三类政策内涵：

第一，决策部门应当结合行为溢出展开政策分析与评估，摒弃单一的行为分析视角，重视干预政策对非目标行为的"涟漪"效应，在政策设计时也需要进一步展开政策实验，实际测算行为溢出的范围与程度，以此展开循证决策。

第二，解决环保问题需要综合施策，但由于居民的多类环保行为之间可能具有因果关联，因此政策组合的效果可能并不等同于各政策手段效果的简单累加。实践部门需要警惕因行为负向溢出导致的政策之间的相互阻滞问题，也应当致力于催生行为间的正向溢出，以实现各政策效果的"超累加性"。

第三，为激发行为正向溢出，从而运用行为杠杆收获多重政策效果，决策部门需要合理设计政策干预的具体策略，积极运用强调行为环保属性的政策框架，谨慎使用以个体经济理性为落脚点的外部激励策略；需要强化规范服从行为对个体内在环保偏好的诊断性功能，并强调社会规范目标进展的不充分性，以纠正居民对环保规范的偏离；此外，针对高难度的环保行为，实践部门应当进一步实施配套策略，降低居民参与环境保护的难度，以扩大正向溢出的作用域。

第七章

结论与展望

　　"行为溢出"现象一经发现，旋即受到环保行为研究者的高度重视，成为当前环境管理领域的热点与前沿。通过辨析个体各类行为决策之间的因果关联，行为溢出分析为突破单一行为研究范式、理解个体复杂行为生态提供了重要窗口，而激发正向溢出隐含的"行为杠杆"潜力、规避负向溢出引发的行为阻滞，也为助推居民生活消费模式可持续化转型带来了崭新的政策思路。关键问题是，行为溢出为何发生？进一步地，影响行为溢出具体形态的关键因素又有哪些？倘若这两类基本问题无法得到有效阐释，那么行为溢出巨大的学理与实践价值仍是可望不可即的"空中楼阁"。尽管既往研究针对溢出机理发展了多类可能路径，但各理论解释之间彼此割裂甚至相互矛盾。此外在行为溢出的影响因素上，仍然缺乏系统性的检视。

　　本书聚焦行为溢出的内在机理与影响因素这两类紧密关联的基本问题，首先提出以目标承诺与自我形象承诺为核心的"自我推断"模型，意图追溯行为溢出的发生本源，深入揭示行为溢出的发生机制，并弥合现有研究的理论争议；然后以个体推断视角的选择为切入点，逐一阐释决策主体（个体价值观念）、客体（环保行为难度）及决策情境（外部政策干预与社会环保规范）等方面的异质性因素对行为溢出具体形态的潜在影响。最后展开两类实验研究（社区居民的调查实验与田野准实验），对理论预设进行细致检验。本章第一节将对本研究的关键结论进行提炼，第二节概述本书的创新性贡献；第三节将总结本书的局限性，并结合"自我推断"模型对后续研究可以深入挖掘的相关议题进行初步探讨。

第一节　主要结论

一、理论研究结论

理论研究得出，行为溢出的实质是不具备偏好"完美回忆"能力的有限理性个体在追求多重目标的连续决策过程中，借助过往行为进行内在偏好"自我推断"所引发的行为前后一致（正向溢出）或偏离（负向溢出）现象。具体而言：

第一，个体具有追求多重目标的天然倾向，其中，私益目标与公益目标是影响个体参与环保实践的主要动机因素，但两类目标相互冲突，共同竞争个体有限的认知资源。自利与规范目标的相对强弱构成了个体内在偏好的基本结构。然而，有限理性的"现实人"并不具备偏好完美回忆的能力，在连续决策的过程中，个体往往借助过往行为对其内在偏好展开"自我推断"，从而做出当前决策。目标承诺与自我形象承诺是"自我推断"的核心机制。一方面，个体借助过往经历对环保目标的重要性展开推断，这一过程决定了个体从环保目标实现中获得的预期效用（即"直接效用"）；另一方面，个体借助过往行为对"我是谁"展开推断，这一过程决定了个体从自我环保身份这一形象感中获得的预期效用（即"间接效用"）。因此，过往行为对个体两类承诺感的影响是行为溢出发生的深层机理。

第二，当前四类行为溢出解释理论分别对应于行为与承诺之间的四类关系。过往环保行为对两类承诺感的强化是行为间正向溢出的发生路径，其中，行为对个体环保目标承诺感的正向作用对应于目标激活理论，对自我环保身份承诺感的正向作用对应于行为一致理论。相反，过往行为对两类承诺感的弱化则解释了负向溢出得以发生的内在机理，其中，行为对个体环保目标承诺感的负向影响是"单效偏见"预设的核心，对自我环保身份承诺感的负向影响则对应于道德许可理论。至此，本书提出的"自我推断"模型将正、负向溢出纳入了统一的解释框架，弥合了现有四类理论之间的矛盾，揭示了行为溢出的深层次发生机理。

第三，个体对"自我推断"视角的选择决定了行为溢出的具体形态。当个体以目标承诺视角审视过往行为时，"自我推断"过程往往强化个体的环保目标承诺感与自我环保身份承诺感，因此正向溢出更易发生；相反，当个体以目标进展视角审视过往环保经历时，"自我推断"过程往往弱化个体对环保目标和自我环保身份的承诺感，因此负向溢出更易发生。个体的推断视角并不固定，受到多类因素的影响。具体而言：

一是个体对利他和生态保护等两类"自我超越型"价值观念的认同越强，其初始环保目标认知可及性越高，因此越可能选择目标承诺视角，此时正向溢出更可能发生。二是当后续行为难度越高时，私益目标会被无意识激活，此时私益目标占据主导地位，个体无须借助过往行为展开"自我推断"，因此行为溢出难以发生。三是强调目标行为环保价值的干预策略有助于激活环保目标，并提高目标行为对内在环保偏好的诊断性，因此能够提高两类承诺，进而促生正向溢出；相反，强调目标行为经济价值的干预手段会弱化目标行为的诊断性功能，甚至激活私益目标，因此阻碍正向溢出的发生，甚至诱发负向溢出。四是对社会规范的服从是个体将自身行为与规范不断进行比较的过程，当个体所属社群的环保规范越强时，个体更可能采取目标进展视角审视过往规范一致行为，进而展现出负向溢出。

二、实验研究结论

本书围绕居民生活垃圾分类，综合运用社区居民的调查实验与田野准实验方法，检视了垃圾分类行为对若干私人与公共环保行为的溢出效应。实验研究结果基本支持了本书所构建的理论模型，具体而言：

在行为溢出的内在机理上，过往环保行为对个体环保目标承诺感和自我环保身份承诺感的弱化是解释行为负向溢出的主要路径，而行为对环保目标承诺感的强化是解释行为正向溢出的主要路径。然而，实验未发现证据支持自我环保身份承诺对正向溢出的解释效力。此外，仍存在少量溢出现象无法由两类承诺机制解释。

在行为溢出的影响因素上，个体两类"自我超越型"价值观念对行为溢出现象基本无影响；后续环保行为难度水平较高时，无论正、负向溢出均不易发生；强调行为环保属性的信息宣传策略能够催生对低成本私人环保行为的正向溢出，规避对高成本公共环保行为的负向溢出，但凸显行为经济属性的政策干预手段则抑制对私人环保行为的正向溢出，并诱发了对公共环保行为的负向溢出；社区的环保规范越强，居民环保行为的负向溢出效应更易显现。

第二节　主要学术贡献

本书的学术贡献主要体现在以下三方面：

首先，本书以当前备受学界关注的环保行为溢出效应为研究对象，深入探讨行为溢出"为何发生"与"何时发生"这两类基本但仍未得到有效解决的问题。针对行为溢出的内在机理，研究在吸纳多类行为理论模型的思想和证据的基础上，构建了个体连续决策过程中的"自我推断"模型，以此揭示行为溢出现象发生的本质，并为各类行为溢出效应提供通则性的解释，继而弥合了现有研究在此问题上的理论争议。针对行为溢出的影响因素，本书较为全面地检视了决策主体、客体及决策情境中多类异质性因素对个体环保实践中"自我推断"过程的影响，进而构建行为溢出的影响因素模型，为今后行为溢出研究提供了更为系统的分析框架。综合而言，本书深入剖析了行为溢出这一复杂现象的基本规律，相关成果有助于推动环境行为与管理领域的基础理论创新。

其次，本书以社区居民为被试，综合运用调查实验和田野准实验法对研究构建的理论模型展开细致检验，其中，调查实验基于百余个社区的4000多名居民的大样本数据检视对（回忆）垃圾分类行为的溢出效应；而田野准实验进一步检视居民在垃圾分类的实际参与过程中所展现出的行为溢出，两类实验结果充分支持了理论模型的解释效力。运用实验类设计探索真实世界中普通居民的行为溢出规律，可以克服当前行为溢出领域中自然数据回归对因果关系论证的内部有效性不足及实验室实验研究对被试行为检验的外部有效性不足的问题，从而保证研究能够同时具有较高的内、外部效度，因此本书在研究方法上可以对现有文献做出有益的补充。

最后，尽管本书聚焦环境保护领域的行为溢出现象，但理论模型的推导是依据个体在有限理性条件下和连续决策情境中展现的一般性行为规律展开，因此研究构建的"自我推断"模型具有更为广阔的适用域，相关成果对探讨个体在其他领域中表现的行为溢出现象亦具有一定的借鉴价值，这有助于促进个体行为研究的不断深化。此外，当前以行为公共管理学与行为政策科学等为代表的新兴交叉学科强调运用行为科学的理论洞见并辅以实验法检视公众在"政民互动"情境中的心理体验与行为表征。相应地，本书针对"自我推断"的理论研究有助于推导居民在响应公共政策过程中展现的复杂行为模式，实验研究更是围绕当前我国正进行得如火如荼的居民垃圾分类政策展开，并揭示了干预政策因受众的行为溢出规律对非目标行为引发的"涟漪"效应。因此，本书也有助于进一步加强行为科学与公共管理学之间的学科对话，为推动行为公共管理学与行为政策科学的发展起到"抛砖引玉"的效果。

第三节　研究不足与展望

一、影响行为溢出的其他可能因素

尽管本书较为系统地检视了包括个体价值、行为属性、政策干预及社会环境在内的多类特质对行为溢出的调节作用，既往研究也提出了其他可能的影响因素。例如，初始环保行为的难度可能影响行为溢出（参见第二章第三节）。研究认为，初始目标追求行为的难度越高，个体采取目标承诺视角的可能越大（Gneezy et al., 2012; Truelove et al., 2014; van der Werff et al., 2014a）。尤其是在自愿参与的情境中，当人们在初始环保行为中投入更高的时间、精力、金钱等成本时，他们更可能将该行为与自身的内在偏好相联系，即展开自我归因。这是因为："如果这个目标对我不重要的话，我为什么要自发投入这么多成本呢？"（Gneezy et al., 2012）。因此，个体更可能从目标承诺的视角检视过往环保行为，并进一步增强对环保目标与自我环保身份目标的重要性的感知，以及参与后续环保行为的意愿，此时正向行为溢出更易发生（Truelove et al., 2014）。

这一论点表明，行为本身的属性能够影响行为反映个体内在品质的信号强度，即行为的诊断性功能。当初始行为的诊断性功能较弱时，个体更倾向从目标进展的视角检视过往行为，并实施"目标平衡"策略。在大量"道德许可"效应的研究中，被试参与的初始的行为成本一般较低（如假想行为、行为意愿等），故协助个体诊断内在品质的信号较弱，个体更倾向自发采取"进展"视角理解过往道德行为，故"许可效应"常常发生（Gneezy et al., 2012）。除行为难度以外，行为是否常见、类型是否多样化也能影响行为的诊断性（van der Werff et al., 2014a）。当过往行为较为单一或属于社群普遍实施的规范行为时，该行为的诊断性较弱，反而为个体提供了目标进展的依据，此时负向溢出更易发生（Thøgersen & Crompton, 2009; van der

Werff et al., 2014a）。由于本书的实验研究主要围绕垃圾分类行为的溢出效应展开，无法进一步考察初始行为难度本身对行为溢出的潜在作用。

部分研究也分析了前后行为相似度对溢出效应的影响，但结论却莫衷一是（参见第二章第三节）。既有学者认为行为越相似，个体越能觉察行为之间的不一致，进而展现一致策略以规避"认知失调"（Margetts & Kashima, 2017; Thøgersen, 2004）；也有学者认为个体更可能将相似行为视为同属一个"心理账户"、服务于同一目标的替代品，因此"许可效应"也越容易发生（Chatelain et al., 2018）。因此综合而言，前后行为的相似性更可能是影响行为溢出实际强度而非具体形态的关键因素。这一预设需要后续研究的进一步检验。

类似地，初始行为实施的具体社会情境也可能行为溢出的效应强度。例如，Steinmetz 等（2016）的实验表明，当人们在存在观察者的情境中实施某类行为时，个体对该行为的主观体验会更加显著。这是因为，当人们被观察时往往会将他人对现实的看法等同于自己的看法，并将观察者的体验并入自己的体验，从而构建了一个"共享现实"（shared reality），因此放大了个体对自己初始行为的主观感受。例如，在一场万众瞩目的球赛上，个人对自己进球的感知会被这类"共享现实"或"观察者效应"放大，继而越发认为自己的得分对球队胜利很重要，但对自己投失的球也会更加自责。这一研究表明，"观察者效应"可以放大个体对初始行为的主观感知程度，这使不论是承诺视角下的正向溢出或进展视角下的负向溢出在观察者存在的情境中均会得到增强。然而，目前并没有环保行为溢出效应领域的研究对这一理论预设进行检验。

在社会规范方面，本书仅检视了社区环保规范对行为溢出的影响。由于环保行为是一类特殊的利他或亲社会行为（pro-social behavior），社群一般性的利他规范与行为溢出的潜在关联也值得进一步探索。例如，新近研究发现，社会资本对个体环保行为也具有显著的积极影响（Macias & Williams, 2016; Videras et al., 2012），[①] 其中的关键机制正是社会资本对外部利他规范服从的凸显，以及对个体私益目标追求的抑制（Cho & Kang, 2017; Ling & Xu, 2020）。尽管社会资本这类一般性利他规范有助于提高个体环保行为的参与水平，但类似于社区环保规范，凸显外部社区规范的社会资本也可能诱发个体前后行为的不一致：初始环保行为作为确证自身利他规范性的证据，也可能成为个体减少后续亲社会行为的"许可凭证"，这将会进一步诱发前后行为之间的负向溢出。

此外，本书集中关注了个体、行为与社区层面的因素，但并未进一步检视宏观政治文化特征对行为溢出的潜在影响。既有研究已经发现宏观社会差异也是影响居民环保行为的一类重要因素（Eom et al., 2016; Lönnqvist et al., 2006; Ling & Xu, 2020; Tam & Chan, 2017, 2018），但尚无研究就这类因素对行为溢出的作用展开检验。后续研究可以开展跨国对比实验，即对不同政治文化国家居民依次展开独立的实验研究，并比较实验结果的异同，以检验宏观政治文化的潜在作用；或利用元分析这一计量技术对多国实验证据展开定量汇总，以识别行为溢出效应是否会因为被试宏观政治文化背景的差异而产生显著的异质性。

最后，目前研究在行为测量方式上仍然存在较大差异，这可能也是导致行为溢出证据错综复杂的一个原因。由于获取居民个体的实际环保行为数据难度较大，包括本书在内的多数研究仍采取行为意愿或自我测评行为

---

① 相关文献普遍揭示了个体层面的社会资本要素对个体环保行为的积极影响，如当居民具有更亲密、互动更频繁的邻里关系时，人们接受的环保观念更加多元，受到环保主义者的影响更加强烈；当居民对互惠规范与人际信任的感知越强，也越倾向于参与集体环保事务（Macias & Williams, 2016; Videras et al., 2012）。尽管如此，社会资本是一类驱动个体行为但同时受到社群内部成员共同塑造的社会实体，因而也具有群体层面的差异。同时，以个体感知衡量社会资本在本质上仍然遵循"方法论个人主义"，并没有考虑社会结构本身的作用（Cho & Kang, 2017）。遵循这一逻辑，新近研究尝试从集体层面审视社会资本的行为影响力，并发现社区层面的社会资本存量对于个体环保行为的积极影响（Cho & Kang, 2017; Ling & Xu, 2020）。

数据对行为溢出展开检视。特别地，尽管环保意愿是实际行为的重要影响因素，但两者并不能简单等同。由于若干心理或情境因素的制约，环保行为意愿却并不能总是转换为实际行为（Gifford, 2011; Kollmuss & Agyeman, 2002; Ling & Xu, 2020）。事实上，意愿与行为的不一致是当前环境行为研究的重要议题之一，学者已经发现多类宏观、微观因素会影响个体是否将其内在环保意愿表达为实际行动（Chan, 2019; Ling & Xu, 2020; Tam, 2019; Tam & Chan, 2017, 2018; 王建明，2013）。而 Maki 等（2019）的元分析结果进一步表明，在环保意愿与实际行为这两类测量方式下，行为溢出结果也呈现出一定差异。

二、个体偏好"推断—表达"两阶段模型

本书构建的"自我推断"机制主要涉及过往行为对个体内在倾向（偏好）的影响，即个体如何以过往行为为线索，推断自身的内在偏好。然而，内在偏好的改变并不一定影响受众的实际行为水平。事实上，个体的动机与行为之间并不具有天然的一致性（Boer & Fischer, 2013; Chan, 2019）。充分的证据表明个体环保动机与环保行为之间经常发生"脱钩"（Clayton et al., 2016; Ling & Xu, 2020; Tam & Chan, 2017, 2018）。因此，内在偏好的演变并不一定促生行为溢出，偏好向行为的顺利转换也是溢出效应得以发生的关键前提。新近研究认为，环保行为可以视为个体环保偏好的自我表达（Chan, 2019; Ling & Xu, 2020），而内在动机与环保行为之间的不一致则是人们偏好表达受阻的结果。未来研究应当尝试有机整合"偏好推断"与"偏好表达"过程，构建个体偏好的"推断—表达"两阶段模型。这类研究无疑有助于建构行为溢出发生路径的完整逻辑链条。

三、未来行为预期对当前决策的溢出效应

本书着重分析个体的过往行为经历对当前行为决策的溢出效应，那么，未来行为预期是否也会对当前决策产生影响？例如，知晓政府即将推行垃圾计量收费政策（预期参与垃圾减量行为）是否会影响个体当前的垃圾分类回收？尽管目前学界对该议题讨论较少，但有一些研究发现，这类行为溢出也符合"自我推断"模型预设的基本规律，即当个体采取目标承诺视角时，未来行为预期则提高了个体参与当前目标一致行为的意愿（Fishbach & Dhar, 2005），而当个体采取目标进展视角时，未来行为预期往往削弱了当前的目标追求行为（Gneezy et al., 2014; Khan & Dhar, 2007）。同时，由于个体普遍对未来"过于乐观"（overoptimistic bias），该类偏误使个体从未来计划中推断的进展感知往往比基于过往实际行为推断的进展感知更强，因此引致的行为前后偏离程度更大（Fishbach & Dhar, 2005）。然而，另一些研究也指出了不同的解释机制（相关综述参见 Krpan et al., 2019）。例如，对未来行为的预期可能影响个体实施行为的三类"执行功能"（executive functions），包括对思想与情感的自我控制能力（"抑制"功能）、调取信息解决问题的能力（"工作记忆"功能）和适应情境的能力（"灵活认知"功能），进而影响当前决策。此外也有学者提出，未来行为预期可能通过个体的情感调节策略（emotion regulation）、生理激活水平（physiological activation）、心理建构水平（construal level）或预期效用进而影响他们参与当前行为的意愿。未来研究可以进一步检视这些机制在未来行为预期对个体当前行为决策的溢出效应中扮演的角色，尤其关注它们与"自我推断"过程的内在联系与区别，以此拓展本书所构建的理论模型，丰富对个体连续决策过程中一般行为规律的理解与把握。

总结而言，本书针对行为溢出"为何发生"与"何时发生"这两类关键科学问题展开了理论与实验研究，以期阐明行为溢出的内在机理与影响因

素。本书的核心贡献在于提出了"自我推断"模型，以此追溯行为溢出现象的发生本源，揭示溢出效应的深层次机理。"自我推断"模型表明，行为溢出的实质是：有限理性的个体在追求多重目标的连续决策过程中，借助过往行为对内在偏好展开"自我推断"所引发的行为前后一致（正向溢出）或偏离（负向溢出）现象。模型进一步指出，环保目标承诺与自我环保身份承诺是"自我推断"过程的核心机制：当个体采取目标承诺视角、聚焦环保目标本身的价值时，过往环保行为将强化两类承诺感并促生行为的正向溢出；当个体采取目标进展视角、聚焦环保目标实现的程度时，过往行为将弱化两类承诺感并诱发负向溢出；而现有的各类理论机制仅是对不同推断过程的具体刻画。由此，"自我推断"模型将正、负向溢出效应纳入了统一的解释框架，弥合了现有研究的理论争议。在此基础上，研究进一步检视了决策主体、客体及决策情境中的四类异质性因素（个体价值观念、行为难度、政策干预及社会规范）对个体"自我推断"过程的潜在影响，以辨识它们对行为溢出具体形态的调节作用。

实验研究对理论模型展开细致检验。研究综合运用两类实验方法，检视居民垃圾分类行为对若干私人与公共环保行为的溢出效应。其中，调查实验基于百余个社区的大样本居民被试（$N=4253$），采用回忆法操纵个体对过往垃圾分类经历的具体感知；而田野准实验进一步观测居民在社区垃圾分类的实际参与过程中所展现的行为溢出现象（短期实验：$N=200$；长期实验：$N=525$）。实验研究结果充分支持了理论模型，表明：①垃圾分类行为对两类承诺感的弱化是负向溢出的发生路径，对环保目标承诺感的强化是正向溢出的发生路径；②后续环保行为难度较高时，正、负向溢出均不易发生；③强调垃圾分类环保属性的干预策略更易引发正向溢出，但凸显垃圾分类经济属性的激励手段则会诱发负向溢出，尽管负向溢出历时衰减；④社区环保规范越强，即社区居民普遍参与环境保护的程度越高时，个体的行为负向溢出现象越易显现。然而与预设不一致的是，研究未发现证据表明自我环保身份承诺是正向溢出的解释机制，同时个体价值观念对行为溢出形态也基本无影响。

　　基于理论与实验研究，本书强调决策部门应结合行为溢出效应展开政策分析与评估，可考虑开展政策实验测算行为溢出的实际范围与程度，而在综合施策时也要警惕政策组合效果小于各政策效果之和的问题。为激发行为间的正向溢出，公共部门应当合理运用干预策略，尤其谨慎使用经济激励手段；同时关注政策运行的社会环境，纠正居民的规范偏离行为；此外也需进一步降低非目标行为的实践难度，结合环保信息框架策略不断扩大行为正向溢出的作用域。最后，关注行为溢出的其他影响因素、构建个体偏好"推断—表达"两阶段模型、分析未来行为预期对当前决策的潜在溢出是对后续研究的展望。

参考文献

[1] 陈少威，王文芹，施养正.公共管理研究中的实验设计——自然实验与田野实验 [J].国外理论动态，2016（5）：76-84.

[2] 洪大用，范叶超，肖晨阳.检验环境关心量表的中国版 (CNEP)——基于 CGSS2010 数据的再分析 [J].社会学研究，2014（4）：49-72.

[3] 洪大用，卢春天.公众环境关心的多层分析 [J].社会学研究，2011（6）：154-170.

[4] 卡尼曼.思考：快与慢 [M].北京：中信出版社，2012.

[5] 凌卯亮，徐林.环保领域行为公共政策溢出效应的影响因素——个实验类研究的元分析 [J].公共管理学报，2021（2）：95-104.

[6] 刘红云，骆方，张玉，张丹慧.因变量为等级变量的中介效应分析 [J].心理学报，2013，45（12）：1431-1442.

[7] 罗俊，汪丁丁，叶航，陈叶烽.走向真实世界的实验经济学——田野实验研究综述 [J].经济学（季刊），2015（2）：853-884.

[8] 马亮.行为科学与循证治理：治国理政的创新之道 [J].经济社会体制比较，2016（6）：9-13.

[9] 蒙克，汪佩洁.政策科学的范式转移：从经典政策科学到行为政策科学 [J].中国公共政策评论，2018（2）：1-19.

[10] 苗青.管理学研究方法的新思路：基于准实验设计的现场研究 [J].浙江大学学报（人文社会科学版），2007（6）：73-80.

[11] 任莉颖.用问卷做实验：调查—实验法的概论与操作 [M].重庆：重庆大学出版

社，2018.

[12] 王建明.资源节约意识对资源节约行为的影响——中国文化背景下一个交互效应和调节效应模型 [J].管理世界，2013（8）：77-90.

[13] 温忠麟，叶宝娟.中介效应分析：方法和模型发展 [J].心理科学进展，2014（5）：731-745.

[14] 徐林，凌卯亮.我国城市生活固体废弃物的治理机制研究——基于杭州市的多案例分析 [J].治理研究，2016，32（4）：69-75.

[15] 徐林，凌卯亮.垃圾分类政策对居民的节电行为有溢出效应吗？[J].行政论坛，2017，24（5）：105-112.

[16] 徐林，凌卯亮.垃圾分类行为干预政策的溢出效应分析——一个田野准实验研究 [J].浙江社会科学，2019（11）：65-75.

[17] 徐林，凌卯亮，卢昱杰.城市居民垃圾分类的影响因素研究 [J].公共管理学报，2017，14（1）：142-153.

[18] 杨凌，李国平，元方.发达国家城市固体废弃物减量政策 [J].城市发展研究，2009，16（6）：8-12.

[19] 张书维，李纾.行为公共管理学探新：内容，方法与趋势 [J].公共行政评论，2018，11（1）：7-36.

[20] 张天嵩，董圣洁，周支瑞.高级 Meta 分析方法：基于 Stata 实现 [M].上海：复旦大学出版社，2015.

[21] Abrahamse W, Steg L. Social influence approaches to encourage resource conservation: A meta-analysis[J]. Global Environmental Change, 2013, 23(6): 1773-1785.

[22] Agrawal A, Chhatre A, Gerber E R. Motivational crowding in sustainable development interventions[J]. American Political Science Review, 2015, 109(3): 470-487.

[23] Ajzen I.The theory of planned behavior[J]. Organizational Behavior and Human Decision Processes, 1991, 50(2): 179-211.

[24] Allcott H. Social norms and energy conservation[J]. Journal of public Economics, 2011, 95(9-10): 1082-1095.

[25] Allcott H, Rogers T. The short-run and long-run effects of behavioral interventions:

Experimental evidence from energy conservation[J]. American Economic Review, 2014, 104(10): 3003–3037.

[26]   Allport G W. Pattern and Growth in Personality[M]. Harcourt College Publishers, 1961.

[27]   Andreoni J. Impure altruism and donations to public goods: A theory of warm–glow giving[J]. The Economic Journal, 1990, 100(401): 464–477.

[28]   Austin P C. Balance diagnostics for comparing the distribution of baseline covariates between treatment groups in propensity–score matched samples[J]. Statistical Medicine, 2009, 28: 3083–3107.

[29]   Austin P C. An introduction to propensity score methods for reducing the effects of confounding in observational studies[J]. Multivariate Behavior Research, 2011, 46(3): 399–424.

[30]   Austin P C, Grootendorst P, Anderson G M. A comparison of the ability of different propensity score models to balance measured variables between treated and untreated subjects: A Monte Carlo study[J]. Statistical Medicine, 2007(26): 734–753.

[31]   Austin P C, Stuart E A. Moving towards best practice when using inverse probability of treatment weighting (IPTW) using the propensity score to estimate causal treatment effects in observational studies[J]. Statistical Medicine, 2015, 34(28): 3661–3679.

[32]   Bénabou R, Tirole J. Willpower and personal rules[J]. Journal of Political Economy, 2004, 112(4): 848–886.

[33]   Bénabou R, Tirole J, 2011. Identity, morals, and taboos: Beliefs as assets[J]. The Quarterly Journal of Economics, 126(2): 805–855.

[34]   Bardi A, Schwartz S H. Values and behavior: Strength and structure of relations[J]. Personality and Social Psychology Bulletin, 2003, 29(10): 1207–1220.

[35]   Baron R M, Kenny D A. The moderator–mediator variable distinction in social psychological research: Conceptual, strategic, and statistical considerations[J]. Journal of Personality and Social Psychology, 1986, 51(6): 1173.

[36]   Barr S, Shaw G, Coles T, Prillwitz J. "A holiday is a holiday" : Practicing sustainability, home and away[J]. Journal of Transport Geography2010,, 18(3): 474–481.

[37] Battaglio R P, Belardinelli P Jr, Bellé N, Cantarelli P. Behavioral public administration ad fontes: A synthesis of research on bounded rationality, cognitive biases, and nudging in public organizations[J]. Public Administration Review, 2019, 79(3): 304–320.

[38] Bem D J. Self–perception: An alternative interpretation of cognitive dissonance phenomena[J]. Psychological Review, 1967, 74(3): 183.

[39] Berger I E. The demographics of recycling and the structure of environmental behavior[J]. Environment and Behavior, 1997, 29(4): 515–531.

[40] Bergquist M, Nilsson A, Schultz W P. A meta–analysis of field–experiments using social norms to promote pro–environmental behaviors. Global Environmental Change, 2019(59), 101941. https://doi.org/10.1016/j.gloenvcha.2019.101941.

[41] Blanken I, van de Ven N, Zeelenberg M. A meta–analytic review of moral licensing[J]. Personality and Social Psychology Bulletin, 2015, 41(4): 540–558.

[42] Boer D, Fischer R. How and when do personal values guide our attitudes and sociality? Explaining cross–cultural variability in attitude–value linkages[J]. Psychological Bulletin, 2013, 139(5): 1113–1147.

[43] Bowles S. Policies designed for self–interested citizens may undermine "the moral sentiments": Evidence from economic experiments[J]. Science, 2008, 320(5883): 1605–1609.

[44] Bowles S, Polania–Reyes S. Economic incentives and social preferences: substitutes or complements[J]? Journal of Economic Literature, 2012, 50(2): 368–425.

[45] Bradford W D, Dolan P. Getting used to it: The adaptive global utility model[J]. Journal of Health Economics, 2010, 29(6): 811–820.

[46] Brandon A, List J A, Metcalfe R D, Price M K, Rundhammer F. Testing for crowd out in social nudges: Evidence from a natural field experiment in the market for electricity[J]. Proceedings of the National Academy of Sciences of the United States of America, 2019, 116(12): 5293–5298.

[47] Brugger A, Hochli B. The role of attitude strength in behavioral spillover: Attitude matters–But not necessarily as a moderator[J]. Frontiers in Psychology, 2019(10): e1018.

[48]   Burger J M. The foot-in-the-door compliance procedure: A multiple-process analysis and review[J]. Personality and Social Psychology Review, 1999, 3(4): 303-325.

[49]   Carlsson F, Jaime M, Villegas C. Behavioral spillover effects from a social information campaign[J]. Journal of Environmental Economics and Management, 2020, (109): 102325. https://doi.org/10.1016/j.jeem.2020. 102325.

[50]   Carrico A R, Raimi K T, Truelove H B, Eby B. Putting your money where your mouth is: an experimental test of pro-environmental spillover from reducing meat consumption to monetary donations[J]. Environment and Behavior, 2018, 50(7): 723-748.

[51]   Carver C S. Pleasure as a sign you can attend to something else: Placing positive feelings within a general model of affect[J]. Cognition and Emotion, 2003, 17(2): 241-261.

[52]   Carver C S, Scheier M F. Control theory: A useful conceptual framework for personality-social, clinical, and health psychology[J]. Psychological Bulletin, 1982, 92(1): 111.

[53]   Carver C S, Scheier M F. Origins and functions of positive and negative affect: A control-process view[J]. Psychological Review, 1990, 97(1): 19.

[54]   Carver C S, Scheier M F. On the Self-regulation of Behavior[M]. New York: Cambridge University Press, 1998.

[55]   Chan H W. When do values promote pro-environmental behaviors? Multilevel evidence on the self-expression hypothesis[J]. Journal of Environmental Psychology, 2019, 101361. https://10.1016/j.jenvp.2019. 101361.

[56]   Chatelain G, Hille S L, Sander D, Patel M, Hahnel U J J, Brosch T. Feel good, stay green: Positive affect promotes pro-environmental behaviors and mitigates compensatory "mental bookkeeping" effects[J]. Journal of Environmental Psychology, 2018(56): 3-11.

[57]   Chen M F, Tung P J. The moderating effect of perceived lack of facilities on consumers' recycling intentions[J]. Environment and Behavior, 2010, 42(6): 824-844.

[58]   Cherry T L, Crocker T D, Shogren J F. Rationality spillovers[J]. Journal of Environmental Economics and Management, 2003, 45(1): 63-84.

[59]   Cherry T L, Shogren J F. Rationality crossovers[J]. Journal of Economic Psychology, 2007, 28(2): 261-277.

[60]   Chervier C, Le Velly G, Ezzine-de-Blas D. When the implementation of payments for biodiversity conservation leads to motivation crowding-out: A case study from the Cardamoms forests. Cambodia[J]. Ecological Economics, 2019(156): 499–510.

[61]   Cho S, Kang H. Putting behavior into context: Exploring the contours of social capital influences on environmental behavior[J]. Environment and Behavior, 2017, 49(3): 283–313.

[62]   Chong D, Druckman J N. Framing Theory[J]. Annual Review of Political Science, 2007, 10(1): 103–126.

[63]   Chu P Y, Chiu J F. Factors influencing household waste recycling behavior: Test of an integrated model[J]. Journal of Applied Social Psychology, 2003, 33(3): 604–626.

[64]   Cialdini R B. Basic social influence is underestimated[J]. Psychological Inquiry, 2005, 16(4): 158–161.

[65]   Cialdini R B, Kallgren C A, Reno R R. A focus theory of normative conduct: A theoretical refinement and reevaluation of the role of norms in human behavior[J]. Advances in Experimental Social Psychology, 1991(24): 201–234.

[66]   Cialdini R B, Reno R R, Kallgren C A. A focus theory of normative conduct: recycling the concept of norms to reduce littering in public places[J]. Journal of Personality and Social Psychology, 1990, 58(6): 1015–1026.

[67]   Cialdini R B, Trost M R. Social influence: Social norms, conformity and compliance[M]. In D. T. Gilbert, S. T. Fiske & G. Lindzey (Eds.): The Handbook of Social Psychology (4 ed., Vol. 2, pp. 151–192). New York: McGraw-Hill, 1998.

[68]   Clayton S, Devine-Wright P, Swim J, Bonnes M, Steg L, Whitmarsh L, Carrico A. Expanding the role for psychology in addressing environmental challenges[J]. American Psychologist, 2016, 71(3): 199–215.

[69]   Clot S, Grolleau G, Ibanez L. Do good deeds make bad people[J]? European Journal of Law and Economics, 2016, 42(3): 491–513.

[70]   Clot S, Grolleau G, Ibanez L. Self-licensing and financial rewards: Is morality for

sale?[J]. Economics Bulletin, 2013, 33(3): 2298–2306.

[71] Coleman J. Foundations of social theory[M]. Cambridge: Belknap Press of Harvard University Press, 1998.

[72] Cornelissen G, Pandelaere M, Warlop L, Dewitte S. Positive cueing: Promoting sustainable consumer behavior by cueing common environmental behaviors as environmental[J]. International Journal of Research in Marketing, 2008, 25(1): 46–55.

[73] Dai Y C, Gordon, M P R, Ye J Y, Xu D Y, Lin Z Y, Robinson, N K L, Harder M K. Why doorstepping can increase household waste recycling[J]. Resources, Conservation & Recycling, 2015, 102: 9–19.

[74] Dai Y C, Lin Z Y, Li C J, Xu D Y, Huang W F, Harder M K. Information strategy failure: Personal interaction success, in urban residential food waste segregation[J]. Journal of Cleaner Production, 2016(134): 298–309.

[75] De Groot J I, Steg L. Value orientations to explain beliefs related to environmental significant behavior: How to measure egoistic, altruistic, and biospheric value orientations[J]. Environment and Behavior, 2008, 40(3): 330–354.

[76] De Groot J I, Steg L. Relationships between value orientations, self–determined motivational types and pro–environmental behavioural intentions[J]. Journal of Environmental Psychology, 2010, 30(4): 368–378.

[77] Deci E L, Koestner R, Ryan R M. A meta–analytic review of experiments examining the effects of extrinsic rewards on intrinsic motivation[J]. Psychological Bulletin, 1999, 125(6): 627–668.

[78] DEFRA. A framework for pro–environmental behaviours[EB/OL]. (2008–02–15) [2018–08–30]. http://www.defra.gov.uk/publications/files/pb13574–behaviours–report.

[79] DeJong W. An examination of self–perception mediation in the foot–in–the–door effect[J]. Journal of Personality and Social Psychology, 1979(37): 2221–2239.

[80] Dhar R, Simonson I. Making complementary choices in consumption episodes: Highlighting versus balancing[J]. Journal of Marketing Research, 1999, 36(1): 29–44.

[81]   Dolan P, Galizzi M M. Like ripples on a pond: Behavioral spillovers and their implications for research and policy[J]. Journal of Economic Psychology, 2015(47): 1–16.

[82]   Dunlap R E, Jones R E. Environmental concern: Conceptual and measurement issues[M]. In R. E. Dunlap & W. Michelson (Eds.): Handbook of Environmental Sociology (pp. 482–524). Westport, CT: Greenwood Press, 2002.

[83]   Eby B, Carrico A R, Truelove H B. The influence of environmental identity labeling on the uptake of pro–environmental behaviors[J]. Climatic Change, 2019, 155(4): 563–580.

[84]   Effron D A, Cameron J S, Monin B. Endorsing Obama licenses favoring Whites[J]. Journal of Experimental Social Psychology, 2009, 45(3): 590–593.

[85]   Effron D A, Monin B. Letting people off the hook: When do good deeds excuse transgressions? [J]. Personality and Social Psychology Bulletin, 2010, 36(12): 1618–1634.

[86]   Ek C, Miliute–Plepiene J, 2018. Behavioral spillovers from food–waste collection in Swedish municipalities[J]. Journal of Environmental Economics and Management,2018(89): 168–186.

[87]   Eom K, Kim H S, Sherman D K, Ishii K. Cultural variability in the link between environmental concern and support for environmental action[J]. Psychological Science, 2016, 27(10): 1331–1339.

[88]   Eskreis–Winkler L, Fishbach A. When consistent and varied actions are not driven by a need for consistency or variety[J]. Psychological Inquiry, 2018, 29(2): 63–66.

[89]   Evans L, Maio G R, Corner A, Hodgetts C J, Ahmed S, Hahn U. Self–interest and pro–environmental behaviour[J]. Nature Climate Change, 2013, 3(2): 122–125.

[90]   Förster J, Liberman N, Higgins E T. Accessibility from active and fulfilled goals[J]. Journal of Experimental Social Psychology, 2005, 41(3): 220–239.

[91]   Falomir–Pichastor J M, Mugny G, Quiamzade A, Gabarrot F. Motivations underlying attitudes: Regulatory focus and majority versus minority support[J]. European Journal of Social Psychology, 2008, 38(4): 587–600.

[92]   Fanghella V, d'Adda G, Tavoni M. On the use of nudges to affect spillovers in environmental behaviors[J]. Frontiers in psychology, 2019(10): 1–13.

[93]   Farrow K, Grolleau G, Ibanez L, 2017. Social Norms and pro–environmental behavior: A review of the evidence[J]. Ecological Economics 2017(140): 1–13.

[94]   Festinger L. A Theory of Cognitive Dissonance (Vol. 2): Stanford University Press, 1962.

[95]   Fishbach A, Dhar R. Goals as excuses or guides: The liberating effect of perceived goal progress on choice[J]. Journal of Consumer Research, 2005, 32(3): 370–377.

[96]   Fishbach A, Dhar R. Dynamics of goal–based choice[M]. In C. P. Haugtvedt, P. M. Herr & F. R. Kardes (Eds.): Handbook of Consumer Psychology (pp. 611–637). New York: Psychology Press, 2007.

[97]   Fishbach A, Dhar R, Zhang Y. Subgoals as substitutes or complements: The role of goal accessibility[J]. Journal of Personality and Social Psychology, 2006, 91(2): 232–242.

[98]   Fishbach A, Ferguson M J. The goal construct in social psychology[J]. Social Psychology: Handbook of Basic Principles, 2007, 2: 490–515.

[99]   Fishbach A, Ferguson M J. The goal construct in social psychology[M]. In A. W. Kruglanski & T. E. Higgins (Eds.): Social psychology: Handbook of Basic Principles (pp. 490–515). New York: Guilford, 2007.

[100]   Fishbach A, Henderson M D, Koo M. Pursuing goals with others: Group identification and motivation resulting from things done versus things left undone[J]. Journal of Experimental Psychology: General, 2011, 140(3): 520–534.

[101]   Fishbach A, Ratner R K, Zhang Y. Inherently loyal or easily bored? Nonconscious activation of consistency versus variety - seeking behavior[J]. Journal of Consumer Psychology, 2011, 21(1): 38–48.

[102]   Fishbach A, Shaddy F. When choices substitute for versus reinforce each other[J]. Current Opinion in Psychology, 2016(10): 39–43.

[103]   Fishbach A, Zhang Y, Koo M. The dynamics of self–regulation[J]. European Review of Social Psychology, 2009, 20(1): 315–344.

[104] Fitzsimons G J, Williams P. Asking questions can change choice behavior: Does it do so automatically or effortfully?[J]. Journal of Experimental Psychology: Applied, 2000, 6(3): 195–206.

[105] Fornell C, Larcker D F. Evaluating structural equation models with unobservable variables and measurement error[J]. Journal of Marketing Research, 1981, 18(1): 39–50.

[106] Freedman J L, Fraser S C. Compliance without pressure: The foot–in–the–door technique[J]. Journal of Personality and Social Psychology, 1966, 4(2): 195–202.

[107] Frezza M, Whitmarsh L, Schäfer M, Schrader U. Spillover effects of sustainable consumption: Combining identity process theory and theories of practice[J]. Sustainability: Science, Practice and Policy, 2019, 15(1): 15–30.

[108] Fritz M S, MacKinnon D P. Required sample size to detect the mediated effect[J]. Psychological Science, 2007, 18(3): 233–239.

[109] Fullerton D, Kinnaman T C. Household responses to pricing garbage by the bag[J]. American Economic Review, 1996, 86: 971–984.

[110] Galizzi M M, Whitmarsh L. How to measure behavioral spillovers: A methodological review and checklist[J]. Frontiers in Psychology, 2019(10): e342.

[111] Gatersleben B, Steg L, Vlek C. Measurement and determinants of environmentally significant consumer behavior[J]. Environment and Behavior, 2002, 34(3): 335–362.

[112] Geng L, Chen Y, Ye L, Zhou K. How to predict future pro–environmental intention? The spillover effect of electricity–saving behavior under environmental and monetary framing[J]. Journal of Cleaner Production, 2019(233): 1029–1037.

[113] Geng L, Cheng X, Tang Z, Zhou K, Ye L. Can previous pro–environmental behaviours influence subsequent environmental behaviours? The licensing effect of pro–environmental behaviours[J]. Journal of Pacific Rim Psychology, 2016(10): 1–9.

[114] Gholamzadehmir M, Sparks P, Farsides T. Moral licensing, moral cleansing and pro–environmental behaviour: The moderating role of pro–environmental attitudes[J]. Journal of Environmental Psychology, 2019(65): 101334. https://doi.org/10.1016/

j.jenvp.2019.101334.

[115] Gifford R. The dragons of inaction: Psychological barriers that limit climate change mitigation and adaptation[J]. American Psychologist, 2011, 66(4): 290–302.

[116] Gilbert D T, Malone P S. The correspondence bias[J]. Psychological bulletin, 1995, 117(1): 21–38.

[117] Gillingham K, Kotchen M J, Rapson D S, Wagner G. Energy policy: The rebound effect is overplayed[J]. Nature, 2013, 493(7433): 475.

[118] Gneezy A, Imas A, Brown A, Nelson L D, Norton M I. Paying to be nice: Consistency and costly prosocial behavior[J]. Management Science, 2012, 58(1): 179–187.

[119] Gneezy U, Imas A, Madar á sz K. Conscience accounting: Emotion dynamics and social behavior[J]. Management Science, 2014, 60(11): 2645–2658.

[120] Gneezy U, Rustichini A. Pay enough or don't pay at all[J]. The Quarterly Journal of Economics, 2000, 115(3): 791–810.

[121] Grimmelikhuijsen S, Jilke S, Olsen A L, Tummers L. Behavioral public administration: Combining insights from public administration and psychology[J]. Public Administration Review, 2017, 77(1): 45–56.

[122] Guagnano G A, Stern P C, Dietz T. Influences on attitude–behavior relationships: A natural experiment with curbside recycling[J]. Environment and Behavior, 1995, 27(5): 699–718.

[123] Guo S, Fraser M W. Propensity Score Analysis: Statistical Methods and Applications[M]. Thousand Oaks: Sage Publications, Inc, 2015.

[124] Hagmann D, Ho E H, Loewenstein G. Nudging out support for a carbon tax[J]. Nature Climate Change, 2019(9): 484–489.

[125] Hair J F, Ringle C M,Sarstedt M. PLS–SEM: Indeed a silver bullet[J]. Journal of Marketing theory and Practice, 2011, 19(2): 139–152.

[126] Hansen J A, Tummers L. A systematic review of field experiments in public administration[J]. Public Administration Review, 2020, 80(6): 921–931.

[127] Henn L, Otto S, Kaiser F G. Positive spillover: The result of attitude change[J]. Journal of Environmental Psychology, 2020(69), 101429. https://doi.org/10.1016/j.jenvp.2020.101429.

[128] Herman P C, Polivy J. The self regulation of eating: Theoretical practical problems[M]. In R. F. Baumeister & K. D. Vohs (Eds.): Handbook of selfregulation: Research, theory, and applications (2 ed., pp. 522–536). New York: Guildford, 2010.

[129] Hernán M A, Brumback B, Robins J M. Estimating the causal effect of zidovudine on CD4 count with a marginal structural model for repeated measures[J]. Statistical Medicine, 2002(21): 1689–1709.

[130] Heyman J, Ariely D. Effort for payment: A tale of two markets[J]. Psychological Science, 2004, 15(11): 787–793.

[131] Higgins E T. Beyond pleasure and pain[J]. American Psychologist, 1997, 52(12): 1280–1300.

[132] Hofmann W, Wisneski D C, Brandt M J, Skitka L J. Morality in everyday life[J]. Science, 2014, 345(6202): 1340–1343.

[133] Hull C L. The goal–gradient hypothesis and maze learning[J]. Psychological Review, 1932, 39(1): 25–43.

[134] Hull C L. The rat's speed–of–locomotion gradient in the approach to food[J]. Journal of Comparative Psychology, 1934, 17(3): 393–422.

[135] Imai K, Ratkovic M. Covariate balancing propensity score[J]. Journal of the Royal Statistical Society, 2014(76): 243‒263.

[136] Jenkins R R. The Economics of Solid Waste Reduction: The Impact of User Fees[M]. Cheltenham: Edward Engar, 1993.

[137] Jessoe K, Lade G E, Loge F, Spang E. Spillovers from behavioral interventions: Experimental evidence from water and energy use[J]. Journal of the Association of Environmental and Resource Economics, 2021, 8(2): 315–346.

[138] Jevons W S. The Coal Question: An Inquiry Concerning the Progress of the Nation, and

the Probably Exhaustion of Our Cola—mines[M]. London: Macmillian and Co, 1866.

[139] Jones C R, Whitmarsh L, Byrka K, Capstick S, Carrico A R, Galizzi M M, Uzzell D. Editorial: Methodological, theoretical and applied advances in behavioral spillover[J]. Frontiers in Psychology, 2019(10): 1–3.

[140] Jones E E, Harris V A. The attribution of attitudes[J]. Journal of Experimental Social Psychology, 1967, 3(1): 1–24.

[141] Jordan J, Mullen E, Murnighan J K. Striving for the moral self: The effects of recalling past moral actions on future moral behavior[J]. Personality and Social Psychology Bulletin, 2011, 37(5): 701–713.

[142] Köpetz C, Faber T, Fishbach A, Kruglanski A W. The multifinality constraints effect: How goal multiplicity narrows the means set to a focal end[J]. Journal of Personality and Social Psychology, 2011, 100(5): 810.

[143] Keizer K, Lindenberg S, Steg L. The Spreading of disorder[J]. Science, 2008, 322(5908): 1681–1685.

[144] Keizer K, Lindenberg S, Steg L. The importance of demonstratively restoring order[J]. PloS one, 2013, 8(6): e65137.

[145] Kelley H H. The processes of causal attribution[J]. American Psychologist, 1973, 28(2): 107–128.

[146] Khan U, Dhar R. Licensing effect in consumer choice[J]. Journal of Marketing Research, 2006, 43(2): 259–266.

[147] Khan U, Dhar R. Where there is a way, is there a will? The effect of future choices on self—control[J]. Journal of Experimental Psychology: General, 2007, 136(2): 277–288.

[148] Kirakozian A. The determinants of household recycling: Social influence, public policies and environmental preferences[J]. Applied Economics, 2016, 48(16): 1481–1503.

[149] Kollmuss A, Agyeman J. Mind the gap: Why do people act environmentally and what are the barriers to pro—environmental behavior[J]? Environmental Education Research, 2002, 8(3): 239–260.

[150] Koo M, Fishbach A. Dynamics of self-regulation: How (un) accomplished goal actions affect motivation[J]. Journal of Personality and Social Psychology, 2008, 94(2): 183–195.

[151] Koo M, Fishbach A, Henderson M. Group goals and sources of motivation: When others don't get the job done, I (might) pick up the slack[J]. ACR North American Advances, 2009(36): 202.

[152] Krpan D, Galizzi M M, Dolan P. Looking at spillovers in the mirror: Making a case for "behavioral spillunders" [J]. Frontiers in Psychology, 2019(10): 1–13.

[153] Kruglanski A W, Shah J Y, Fishbach A, Friedman R. A theory of goal systems[M]. In M. P. Zanna (Ed.): Advances in Experimental Social Psychology (Vol. 34, pp. 331–378). Orlando: Academic Press, 2002.

[154] Lönnqvist J-E, Leikas S, Paunonen S, Nissinen V, Verkasalo M. Conformism moderates the relations between values, anticipated regret, and behavior[J]. Personality and Social Psychology Bulletin, 2006, 32(11): 1469–1481.

[155] Lacasse K. The importance of being green: The influence of green behaviors on Americans' political attitudes toward climate change[J]. Environment and Behavior, 2015, 47(7): 754–781.

[156] Lacasse K. Don't be satisfied, identify! Strengthening positive spillover by connecting pro-environmental behaviors to an "environmentalist" label[J]. Journal of Environmental Psychology, 2016(48): 149–158.

[157] Lacasse K. Can't hurt, might help: Examining the spillover effects from purposefully adopting a new pro-environmental behavior[J]. Environment and Behavior, 2019, 51(3): 259–287.

[158] Lalot F, Falomir-Pichastor J M, Quiamzade A. Compensation and consistency effects in proenvironmental behaviour: The moderating role of majority and minority support for proenvironmental values[J]. Group Processes & Intergroup Relations, 2018, 21(3): 403–421.

[159] Lalot F, Quiamzade A, Falomir-Pichastor J M, Gollwitzer P M. When does self-identity

predict intention to act green? A self–completion account relying on past behaviour and majority–minority support for pro–environmental values[J]. Journal of Environmental Psychology, 2019(61): 79–92.

[160] Lanzini P, Thøgersen J. Behavioural spillover in the environmental domain: An intervention study[J]. Journal of Environmental Psychology, 2014(40): 381–390.

[161] Lauren N, Fielding K S, Smith L, Louis W R. You did, so you can and you will: Self–efficacy as a mediator of spillover from easy to more difficult pro–environmental behaviour[J]. Journal of Environmental Psychology, 2016(48): 191–199.

[162] Lauren N, Smith L D G, Louis W R, Dean A J. Promoting spillover: How past behaviors increase environmental intentions by cueing self–perceptions[J]. Environment and Behavior, 2019, 51(3): 235–258.

[163] Li C, Wang Y, Li Y, Huang Y, Harder M K. The incentives may not be the incentive: A field experiment in recycling of residential food waste[J]. Resources, Conservation & Recycling, 2021(168): 105316. https://doi.org/10.1016/j.resconrec.2020.105316.

[164] Lindenberg S, Steg L. Normative, gain and hedonic goal frames guiding environmental behavior[J]. Journal of Social Issues, 2007, 63(1): 117–137.

[165] Ling M, Xu L. Relationships between personal values, micro–contextual factors and residents' pro–environmental behaviors: An explorative study[J]. Resources, Conservation and Recycling, 2020(156): 104697. https://doi.org/10.1016/j.resconrec.2020.104697.

[166] Ling M, Xu L . Incentivizing household recycling crowds out public support for other waste management policies: A long–term quasi–experimental study[J]. Journal of Environmental Management,2021a(299): 113675. https://doi.org/10.1016/j.jenvman.2021.113675.

[167] Ling M, Xu L. How and when financial incentives crowd out pro–environmental motivation: A longitudinal quasi–experimental study[J]. Journal of Environmental Psychology, 2021b(78): 101715. https://doi.org/10.1016/j.jenvp.2021.101715.

[168] Ling M, Xu L, Xiang L Z. Social–contextual influences on public participation in

incentive programs of household waste separation[J]. Journal of Environmental Management, 2021(281): 111914. https://doi.org/10.1016/j.jenvman.2020.111914.

[169] Littleford C, Ryley T J, Firth S K. Context, control and the spillover of energy use behaviours between office and home settings[J]. Journal of Environmental Psychology, 2014(40): 157–166.

[170] Locke E A, Frederick E, Lee C, Bobko P. Effect of self–efficacy, goals, and task strategies on task performance[J]. Journal of Applied Psychology, 1984, 69(2): 241–251.

[171] Macias T, Williams K. Know your neighbors, save the planet: Social capital and the widening wedge of pro–environmental outcomes[J]. Environment and Behavior, 2016, 48(3): 391–420.

[172] MacKinnon D P. Introduction to statistical mediation analysis[M]. New York, NY: London Lawrence Erlbaum Associates ,2008.

[173] Maki A, Burns R J, Ha L, Rothman A J, 2016. Paying people to protect the environment: A meta–analysis of financial incentive interventions to promote proenvironmental behaviors[J]. Journal of Environmental Psychology, 2016(47): 242–255.

[174] Maki A, Cohen M A, Vandenbergh M P. Using meta–analysis in the social sciences to improve environmental policy[M]. In Walter Leal Filho, Robert W Marans & J. Callewaert (Eds.): Handbook of Sustainability and Social Science Research (pp. 27–43): Springer, 2018.

[175] Maki A, Carrico A R, Raimi K T, Truelove H B, Araujo B, Yeung K L. Meta–analysis of pro–environmental behaviour spillover[J]. Nature Sustainability, 2019, 2(4): 307–315.

[176] Margetts E A, Kashima Y. Spillover between pro–environmental behaviours: The role of resources and perceived similarity[J]. Journal of Environmental Psychology, 2017, (49): 30–42.

[177] Martin R, Martin P Y, Smith J R, Hewstone M. Majority versus minority influence and prediction of behavioral intentions and behavior[J]. Journal of Experimental Social

Psychology, 2007, 43(5): 763–771.

[178]   Mazar N, Amir O, Ariely D. The dishonesty of honest people: A theory of self–concept maintenance[J]. Journal of Marketing Research, 2008, 45(6): 633–644.

[179]   Mazar N, Zhong C B. Do green products make us better people?[J]. Psychological Science, 2010, 21(4): 494–498.

[180]   Merritt A C, Effron D A, Monin B. Moral self - licensing: When being good frees us to be bad[J]. Social and Personality Psychology Compass, 2010, 4(5): 344–357.

[181]   Miller D T, Effron D A. Psychological license. When it is needed and how it functions[J]. Advances in Experimental Social Psychology ,2010, 43(C): 115–155.

[182]   Monin B, Miller D T. Moral credentials and the expression of prejudice[J]. Journal of Personality and Social Psychology, 2001, 81(1): 33–43.

[183]   Moore S G, Neal D T, Fitzsimons G J, Shiv B. Wolves in sheep's clothing: How and when hypothetical questions influence behavior[J]. Organizational Behavior and Human Decision Processes, 2012, 117(1): 168–178.

[184]   Morgan S, Winship C. Counterfactuals and Causal Inference: Methods and Principles for Social Research[M]. Cambridge: Cambridge University Press, 2014.

[185]   Morris M W, Hong Y, Chiu C, Liu Z. Normology: Integrating insights about social norms to understand cultural dynamics[J]. Organizational Behavior and Human Decision Processes, 2015(129): 1–13.

[186]   Morwitz V G, Fitzsimons G J. The mere–measurement effect: Why does measuring intentions change actual behavior?[J]. Journal of Consumer Psychology, 2004, 14(1–2): 64–74.

[187]   Morwitz V G, Johnson E, Schmittlein D. Does measuring intent change behavior?[J]. Journal of Consumer Research, 1993, 20(1): 46–61.

[188]   Moscovici S. Toward a theory of conversion behavior[M]. In L. B. (Ed.): Advances in Experimental Social Psychology (Vol. 13, pp. 209–239). San Diego: Academic Press, 1980.

[189]   Mullen E, Monin B. Consistency versus licensing effects of past moral behavior[J].

Annual Review of Psychology, 2016, 67: 363–385.

[190] Nash N, Whitmarsh L, Capstick S, Thøgersen J, Gouveia V, de Carvalho Rodrigues Araújo R, Liu Y. Reflecting on behavioral spillover in context: How do behavioral motivations and awareness catalyze other environmentally responsible actions in Brazil, China, and Denmark?[J]. Frontiers in Psychology, 2019(10): 1–17.

[191] Nguyen T L, Collins G S, Spence J, Daurès J P, Devereaux P J, Landais P, Le Manach Y. Double-adjustment in propensity score matching analysis: Choosing a threshold for considering residual imbalance[J]. BMC Medical Research Methodology, 2017, 17(1): 78.

[192] Nilsson A, Bergquist M, Schultz W P. Spillover effects in environmental behaviors, across time and context: A review and research agenda[J]. Environmental Education Research, 2017, 23(4): 573–589.

[193] Noblet C L, McCoy S K. Does one good turn deserve another? Evidence of domain-specific licensing in energy behavior[J]. Environment and Behavior, 2018, 50(8): 839–863.

[194] Nolan J M, Schultz P W, Cialdini R B, Goldstein N J, Griskevicius V. Normative social influence is underdetected[J]. Personality and Social Psychology Bulletin, 2008, 34(7): 913–923.

[195] Olson M J. The Logic of Collective Action: Public Goods and the Theory of Groups[M]. Cambridge: Harvard University Press, 1965.

[196] Osbaldiston R, Schott J P. Environmental sustainability and behavioral science: Meta-analysis of proenvironmental behavior experiments[J]. Environment and Behavior, 2012, 44(2): 257–299.

[197] Ostrom E. Governing the Cambridge Commons: The Evolution of Institutions for Collective Action[M]. Cambridge: Cambridge University Press, 1990.

[198] Ostrom E. A behavioral approach to the rational choice theory of collective action[J]. American Political Science Review, 1998, 92(1): 1–22.

[199] Ostrom E. Collective action and the evolution of social norms[J]. Journal of Economic

Perspectives, 2000, 14(3): 137–158.

[200]   Ostrom E. Social capital: a fad or a fundamental concept[J]. Social Capital: A Multifaceted Perspective, 2000, 172(173): 195–198.

[201]   Ostrom E, Gardner R, Walker J. Rules, Games, and Common–pool Resources[M]. Ann Arbor: University of Michigan Press, 1994.

[202]   Peters A M, van der Werff E, Steg L. Beyond purchasing: Electric vehicle adoption motivation and consistent sustainable energy behaviour in The Netherlands[J]. Energy Research and Social Science, 2018(39): 234–247.

[203]   Poortinga W, Steg L, Vlek C. Values, environmental concern, and environmental behavior: A study into household energy use[J]. Environment and Behavior, 2004, 36(1): 70–93.

[204]   Poortinga W, Whitmarsh L, Suffolk C. The introduction of a single–use carrier bag charge in Wales: Attitude change and behavioural spillover effects[J]. Journal of Environmental Psychology, 2013(36): 240–247.

[205]   Postmes T, Haslam S A, Jans L. A single–item measure of social identification: Reliability, validity, and utility[J]. British Journal of Social Psychology, 2013, 52: 597–617.

[206]   Preacher K J, Hayes A F. Asymptotic and resampling strategies for assessing and comparing indirect effects in multiple mediator models[J]. Behavioral Research Methods, 2008, 40(3):879–891.

[207]   Putnam R D, Leonardi R, Nanetti R Y. Making Democracy Work: Civic Traditions in Modern Italy[M]. New Jersey: Princeton University Press, 1994.

[208]   Raimi K T. Energy–saving behaviour: Negative spillover to policy[J]. Nature Climate Change, 2017, 7(7): 473.

[209]   Robins J M, Hernán M A, Brumback B. Marginal structural models and causal inference in epidemiology[J]. Epidemiology, 2000(11): 550–560.

[210]   Rode J, Gómez–Baggethun E, Krause T. Motivation crowding by economic incentives

in conservation policy: A review of the empirical evidence[J]. Ecological Economics, 2015(117): 270–282.

[211] Rosenbaum P R, Rubin D B. The central role of the propensity score in observational studies for causal effects[J]. Biometrika, 1983(70): 41–55.

[212] Rubin D B. Using propensity scores to help design observational studies: application to the tobacco litigation[J]. Health Services & Outcomes Research Methodology, 2001(2): 169–188.

[213] Sachdeva S, Iliev R, Medin D L. Sinning Saints and Saintly Sinners: The Paradox of Moral Self–Regulation[J]. Psychological Science, 2009, 20(4): 523–528.

[214] Schwartz S H. Normative influences on altruism[J]. Advances in Experimental Social Psychology, 1977(10): 221–279.

[215] Schwartz S H. Universals in the content and structure of values: Theoretical advances and empirical tests in 20 countries[M]. In M. Zanna (Ed.) Advances in Experimental Social Psychology (Vol. 25, pp. 1–65). Orlando: Academic Press ,1992.

[216] Schwartz S H. Are there universal aspects in the structure and contents of human values? [J]. Journal of Social Issues, 1994, 50(4): 19–45.

[217] Schwartz S H, Howard J A. A normative decision–making model of altruism[M]. In P. J. Rushton and R. M. Sorrentino (Ed.) New Jersey: Altruism and Helping Behavior: Social, Personality, and Developmental Perspectives (Vol. 25, pp. 189–211). Lawrence Erlbaum: Hillsdale, 1981.

[218] Shah J, Higgins E T. Regulatory concerns and appraisal efficiency: The general impact of promotion and prevention[J]. Journal of Personality and Social Psychology, 2001, 80(5): 693–705.

[219] Simon H A. Administrative Behavior. A Study of Decision–making Processes in Administrative Organization[M]. New York: Macmillan, 1947.

[220] Simon H A. Motivational and emotional controls of cognition[J]. Psychological Review, 1967, 74(1): 29–39.

[221] Sintov N, Geislar S, White L. Cognitive acessibility as a new factor in proenvironmental spillover: Results from a field Study of household food waste management[J]. Environment and Behaivor, 2017, 51(1): 50–80.

[222] Steg L, Bolderdijk J W, Keizer K, Perlaviciute G. An integrated framework for encouraging pro–environmental behaviour: The role of values, situational factors and goals[J]. Journal of Environmental Psychology, 2014(38): 104–115.

[223] Steg L, Lindenberg S, Keizer K. Intrinsic motivation, norms and environmental behaviour: The dynamics of overarching goals[J]. International Review of Environmental and Resource Economics, 2016, 9(1–2): 179–207.

[224] Steg L, Perlaviciute G, van der Werff E, Lurvink J. The significance of hedonic values for environmentally relevant attitudes, preferences, and actions[J]. Environment and Behavior, 2012, 46(2): 163–192.

[225] Steg L, Vlek C. Encouraging pro–environmental behaviour: An integrative review and research agenda[J]. Journal of Environmental Psychology, 2009, 29(3): 309–317.

[226] Steinhorst J, Klöckner C A. Effects of monetary versus environmental information framing: Implications for long–term pro–environmental behavior and intrinsic motivation[J]. Environment and Behavior, 2018, 50(9): 997–1031.

[227] Steinhorst J, Klöckner C A, Matthies E. Saving electricity–For the money or the environment? Risks of limiting pro–environmental spillover when using monetary framing[J]. Journal of Environmental Psychology, 2015(43):125–135.

[228] Steinhorst J, Matthies E. Monetary or environmental appeals for saving electricity?—Potentials for spillover on low carbon policy acceptability[J]. Energy Policy, 2016(93): 335–344.

[229] Steinmetz J, Xu Q, Fishbach A, Zhang Y. Being observed magnifies action[J]. Journal of Personality and Social Psychology, 2016, 111(6): 852–865.

[230] Stern P C. New environmental theories: Toward a coherent theory of environmentally significant behavior[J]. Journal of Social Issues,2000, 56(3): 407–424.

[231] Stern P C, Dietz T, Abel T, Guagnano G A, Kalof L, 1999. A value–belief–norm theory of support for social movements: The case of environmentalism[J]. Human Ecology Review, 1999, 6(2): 81–97.

[232] Stoeva K, Alriksson S. Influence of recycling programmes on waste separation behaviour[J]. Waste Management, 2017(68): 732–741.

[233] Stuart E A, Lee B K, Leacy F P, 2013. Prognostic score–based balance measures can be a useful diagnostic for propensity scores in comparative effectiveness research[J]. Journal of Clinical Epidemiology, 2013(66): 84–90.

[234] Susewind M, Hoelzl E. A matter of perspective: Why past moral behavior can sometimes encourage and other times discourage future moral striving[J]. Journal of Applied Social Psychology, 2014, 44(3): 201–209.

[235] Tam K–P. Understanding the psychology X politics interaction behind environmental activism: The roles of governmental trust, density of environmental NGOs, and democracy[J]. Journal of Envronmental Psychology, 2019: 101330. https://doi.org/10.1016/j.jenvp.2019.101330.

[236] Tam K–P, Chan H–W. Environmental concern has a weaker association with pro-environmental behavior in some societies than others: A cross–cultural psychology perspective[J]. Journal of Environmental Psychology, 2017(53): 213–223.

[237] Tam K–P, Chan H–W. Generalized trust narrows the gap between environmental concern and pro–environmental behavior: Multilevel evidence[J]. Global Environmental Change, 2018(48):182–194.

[238] Thøgersen J. Spillover processes in the development of a sustainable consumption pattern[J]. Journal of economic psychology, 1999, 20(1): 53–81.

[239] Thøgersen J. A cognitive dissonance interpretation of consistencies and inconsistencies in environmentally responsible behavior[J]. Journal of Environmental Psychology, 2004, 24(1): 93–103.

[240] Thøgersen J. Norms for environmentally responsible behaviour: An extended taxonomy[J].

Journal of Environmental Psychology, 2006, 26(4): 247–261.

[241] Thøgersen J. Psychology: Inducing green behaviour[J]. Nature Climate Change, 2013, 3(2): 100.

[242] Thøgersen J, Crompton T. Simple and painless? The limitations of spillover in environmental campaigning[J]. Journal of Consumer Policy, 2009, 32(2): 141–163.

[243] Thøgersen J, Noblet C. Does green consumerism increase the acceptance of wind power[J]? Energy Policy, 2012(51): 854–862.

[244] Thøgersen J, Ölander F. Spillover of environment–friendly consumer behaviour[J]. Journal of Environmental Psychology, 2003, 23(3): 225–236.

[245] Thaler R H, Sunstein C R. Nudge: Improving Decisions about Health, Wealth, and Happiness[M]. New Haven, Connecticut: Yale University Press, 2008.

[246] Thomas G O, Poortinga W, Sautkina E. The Welsh single–use carrier bag charge and behavioural spillover[J]. Journal of Environmental Psychology, 2016(47): 126–135.

[247] Tiefenbeck V, Staake T, Roth K, Sachs O. For better or for worse? Empirical evidence of moral licensing in a behavioral energy conservation campaign[J]. Energy Policy, 2013(57): 160–171.

[248] Truelove H B, Carrico A R, Weber E U, Raimi K T, Vandenbergh M P. Positive and negative spillover of pro–environmental behavior: An integrative review and theoretical framework[J]. Global Environmental Change, 2014(29): 127–138.

[249] Truelove H B, Yeung K L, Carrico A R, Gillis A J, Raimi K T. From plastic bottle recycling to policy support: An experimental test of pro–environmental spillover[J]. Journal of Environmental Psychology, 2016(46): 55–66.

[250] Tummers L. Public policy and behavior change[J]. Public Administration Review, 2019, 79(6): 925–930.

[251] van Buuren S. Flexible Imputation of Missing Data[M]. London: Chapman and Hall/CRC, 2018.

[252] van Buuren S, Groothuis–Oudshoorn K. mice: Multivariate imputation by chained

equations in R[J]. Journal of Statistical Software, 2010(45): 1–68.

[253] van der Broek K, Bolderdijk J W, Steg L. Individual differences in values determine the relative persuasiveness of biospheric, economic and combined appeals[J]. Journal of Environmental Psychology, 2017(53):145–156.

[254] van der Werff E, Steg L. Spillover benefits: Emphasizing different benefits of environmental behaviour and its effects on spillover[J]. Frontiers in Psychology, 2018(9): 1–16.

[255] van der Werff E, Steg L, Keizer K. It is a moral issue: The relationship between environmental self–identity, obligation–based intrinsic motivation and pro–environmental behaviour[J]. Global Environmental Change, 2013a, 23(5): 1258–1265.

[256] van der Werff E, Steg L, Keizer K. The value of environmental self–identity: The relationship between biospheric values, environmental self–identity and environmental preferences, intentions and behaviour[J]. Journal of Environmental Psychology, 2013b(34):55–63.

[257] van der Werff E, Steg L, Keizer K. Follow the signal: When past pro–environmental actions signal who you are[J]. Journal of Environmental Psychology, 2014a(40): 273–282.

[258] van der Werff E, Steg L, Keizer K. I am what I am, by looking past the present: the influence of biospheric values and past behavior on environmental self–identity[J]. Environment and Behavior, 2014b, 46(5): 626–657.

[259] Verfuerth C, Jones C R, Gregory–Smith D, Oates C. Understanding contextual spillover: Using identity process theory as a lens for analyzing behavioral responses to a workplace dietary choice intervention[J]. Frontiers in Psychology, 2019(10): 1–17.

[260] Verplanken B, Holland R W. Motivated decision making: Effects of activation and self–centrality of values on choices and behavior[J]. Journal of Personality and Social Psychology, 2002, 82(3): 434–447.

[261] Verplanken B, Trafimow D, Khusid I K, Holland R W, Steentjes G M. Different selves, different values: Effects of self - construals on value activation and use[J]. European

Journal of Social Psychology, 2009, 39(6): 909–919.

[262] Verplanken B, Walker I, Davis A, Jurasek M. Context change and travel mode choice: Combining the habit discontinuity and self–activation hypotheses[J]. Journal of Environmental Psychology, 2008, 28(2): 121–127.

[263] Videras J, Owen A L, Conover E, Wu S. The influence of social relationships on pro–environment behaviors[J]. Journal of Environmental Economics and Management, 2012, 63(1): 35–50.

[264] Vining J, Ebreo A. Predicting recycling behavior from global and specific environmental attitudes and changes in recycling opportunities[J]. Journal of Applied Social Psychology, 1992, 22(20): 1580–1607.

[265] Wagner G. But will the planet notice?: How smart economics can save the world[M]. New York: Hill and Wang, 2011.

[266] Weber E U. Perception and expectation of climate change: Precondition for economic and technological adaptation[M]. In M. H. Bazerman, D. M. Messick, A. E. Tenbrunsel, K. A. Wade–Benzoni (Eds.), Environment, Ethics, and Behavior: The Psychology of Environmental Valuation and Degradation (pp. 314–341). New York: The New Lexington Press/Jossey–Bass Publishers, 1997.

[267] Weber E U. Experience–based and description–based perceptions of long–term risk: Why global warming does not scare us (yet)[J]. Climatic Change, 2006, 77(1–2): 103–120.

[268] Werfel S H. Household behaviour crowds out support for climate change policy when sufficient progress is perceived[J]. Nature Climate Change, 2017, 7(7): 512–512.

[269] Whitmarsh L, Haggar P, Thomas M. Waste reduction behaviors at home, at work, and on holiday: What influences behavioral consistency across contexts?[J]. Frontiers in Psychology, 2018(9): 1–13.

[270] Whitmarsh L, O' Neill S. Green identity, green living? The role of pro–environmental self–identity in determining consistency across diverse pro–environmental behaviours[J].

Journal of Environmental Psychology, 2010, 30(3): 305–314.

[271] Wicklund R A, Gollwitzer P M. Symbolic Self Completion[M]. Hillsdale, Lawrence Erlbaum, 1982.

[272] Xu L, Ling M, Lu Y, Shen M. Understanding household waste separation behaviour: Testing the roles of moral, past experience, and perceived policy effectiveness within the Theory of Planned behaviour[J]. Sustainability, 2017, 9(4): 1–27.

[273] Xu L, Ling M, Wu Y. Economic incentive and social influence to overcome household waste separation dilemma: A field intervention study[J]. Waste Management, 2018a(77): 522–531.

[274] Xu L, Zhang X, Ling M. Spillover effects of household waste separation policy on electricity consumption: evidence from Hangzhou, China[J]. Resources, Conservation and Recycling, 2018b(129): 219–231.

[275] Xu L, Zhang X, Ling M. Pro–environmental spillover under environmental appeals and monetary incentives: Evidence from an intervention study on household waste separation[J]. Journal of Environmental Psychology, 2018c(60): 27–33.

[276] Xu S, Ross C, Raebel M A, Shetterly S, Blanchette C, Smith D. Use of stabilized inverse propensity score as weight to directly estimate relative risk and its confidence intervals[J]. Value Health, 2010, 2(13): 273–277.

[277] Zhong C–B, Liljenquist K. Washing away your sins: Threatened morality and physical cleansing[J]. Science, 2006, 313(5792): 1451–1452.

[278] Zhong C–B, Liljenquist K, Cain D M. Moral self–regulation: Licensing and compensation[M]. In D. De Cremer (Ed.), Psychological Perspectives on Ethical Behavior and Decision Making. (pp. 75–89). Charlotte, NC, US: Information Age Publishing, 2009.

附　录

附录 A　调查实验数据分析的补充材料

表A-1　个体层面变量的相关关系矩阵

	1	2	3	4	5	6	7
(1) 计量收费政策支持度	—						
(2) 城市垃圾处理站支持度	0.261***	—					
(3) 社区垃圾处理站支持度	0.318***	0.384***	—				
(4) 社区环保组织参与意愿	0.239***	0.232***	0.279***	—			
(5) 社区环保捐赠意愿	0.211***	0.150***	0.140***	0.308***	—		
(6) 环保目标承诺	0.156***	0.308***	0.138***	0.272***	0.260***	—	
(7) 自我环保身份承诺	0.175***	0.214***	0.229***	0.315***	0.197***	0.502***	—
(8) 垃圾分类行为水平	0.076***	0.122***	0.088***	0.121***	0.111***	0.154***	0.175***
(9) 利他价值优先度	0.029	0.012	-0.023	0.006	0.013	0.042*	0.010
(10) 生态保护价值优先度	0.021	0.015	-0.021	0.008	0.021	0.042*	0.017
(11) 性别	0.021	-0.005	-0.037*	0.061***	-0.007	0.076***	0.039**
(12) 年龄	0.046***	0.029	0.131***	0.137***	-0.032*	0.005	0.127***
(13) 受教育程度	-0.007	0.005	-0.125***	-0.112***	0.098***	0.066***	-0.055***
(14) 政治面貌	0.052***	0.052***	0.049***	0.110***	0.160***	0.081***	0.053***

续表

	8	9	10	11	12	13	14
(8) 垃圾分类行为水平	—						
(9) 利他价值优先度	0.012	—					
(10) 生态保护价值优先度	0.042*	0.794***	—				
(11) 性别	0.043**	0.039*	0.075***	—			
(12) 年龄	0.089***	0.071***	0.090***	-0.066***	—		
(13) 受教育程度	-0.021	0.017	-0.009	0.007	-0.579***	—	
(14) 政治面貌	0.067***	0.031	-0.003	-0.088***	0.068***	0.230***	—

注：* 表示 $p < 0.05$；** 表示 $p < 0.01$；*** 表示 $p < 0.001$。

表 A-2　行为溢出中介机制的"Bootstrap 法"完整检验结果 (N=4253)

自变量	中介变量	因变量				
		垃圾计量收费支持度	城市垃圾处理站支持度	社区垃圾处理站支持度	社区环保组织参与意愿	社区环保捐赠意愿
		间接效应				
回忆组	目标承诺	-0.005 [-0.010, -0.002]	-0.017 [-0.028, -0.007]	-0.003 [-0.006, -0.001]	-0.010 [-0.018, -0.004]	-0.014 [-0.024, -0.006]
	身份承诺	-0.009 [-0.015, -0.004]	-0.008 [-0.013, -0.003]	-0.014 [-0.022, -0.006]	-0.018 [-0.027, -0.008]	-0.007 [-0.011, -0.003]
进展组	目标承诺	-0.002 [-0.005, 0.001]	-0.006 [-0.016, 0.004]	-0.001 [-0.003, > 0]	-0.003 [-0.010, 0.003]	-0.005 [-0.013, 0.003]
	身份承诺	-0.004 [-0.009, 0.001]	-0.003 [-0.008, 0.001]	-0.006 [-0.013, 0.001]	-0.008 [-0.017, 0.002]	-0.003 [-0.007, > 0]
环保组	目标承诺	-0.002 [-0.006, 0.001]	-0.007 [-0.018, 0.003]	-0.001 [-0.004, > 0]	-0.004 [-0.011, 0.002]	-0.006 [-0.014, 0.002]
	身份承诺	-0.004 [-0.010, > 0]	-0.004 [-0.008, > 0]	-0.007 [-0.014, 0.001]	-0.008 [-0.018, 0.001]	-0.003 [-0.007, > 0]
经济组	目标承诺	-0.006 [-0.010, -0.003]	-0.019 [-0.031, -0.009]	-0.003 [-0.007, -0.001]	-0.012 [-0.019, -0.005]	-0.015 [-0.025, -0.007]
	身份承诺	-0.004 [-0.010, < 0]	-0.004 [-0.008, < 0]	-0.007 [-0.015, > 0]	-0.009 [-0.018, > 0]	-0.003 [-0.007, > 0]
		直接效应				
回忆组		-0.028 [-0.067, 0.010]	-0.031 [-0.069, 0.010]	-0.038 [-0.078, -0.001]	-0.026 [-0.064, 0.010]	-0.011 [-0.047, 0.026]
进展组		-0.013 [-0.049, 0.022]	-0.018 [-0.057, 0.019]	0.010 [-0.024, 0.046]	-0.029 [-0.063, 0.006]	-0.018 [-0.053, 0.016]

续表

自变量	中介变量	因变量				
		垃圾计量收费支持度	城市垃圾处理站支持度	社区垃圾处理站支持度	社区环保组织参与意愿	社区环保捐赠意愿
环保组		-0.025 [-0.061, 0.012]	-0.027 [-0.064, 0.009]	0.009 [-0.029, 0.043]	-0.005 [-0.040, 0.030]	0.007 [-0.026, 0.041]
经济组		-0.024 [-0.060, 0.013]	-0.045 [-0.083, -0.008]	0.023 [-0.014, 0.059]	0.013 [-0.022, 0.048]	-0.024 [-0.060, 0.012]

注：括号外的数字代表中介效应量的点估计值，括号内的数字代表该效应量的95%置信区间，不含零值的区间已被加粗，代表显著的中介路径；较小数字用">0"或"<0"简单表示数值方向。

表 A-3　利他价值优先度对溢出路径的调节效应检验结果（N=3261）

项目	环保目标承诺	自我环保身份承诺	垃圾计量收费政策支持度
回忆组	-0.104**	-0.114**	-0.082
	(0.034)	(0.041)	(0.102)
进展组	-0.046	-0.038	-0.034
	(0.037)	(0.044)	(0.104)
环保组	-0.025	-0.028	-0.102
	(0.034)	(0.043)	(0.102)
经济组	-0.152***	-0.055	-0.085
	(0.036)	(0.041)	(0.101)
利他价值优先度	0.005	0.004	-0.020
	(0.018)	(0.023)	(0.063)
利他价值优先度 * 回忆组	-0.006	-0.003	0.183*
	(0.030)	(0.036)	(0.085)
利他价值优先度 * 进展组	0.044	0.030	0.070
	(0.031)	(0.036)	(0.085)
利他价值优先度 * 环保组	0.018	-0.016	0.013
	(0.026)	(0.035)	(0.086)
利他价值优先度 * 经济组	0.020	0.003	-0.046
	(0.029)	(0.034)	(0.085)
目标承诺			0.230***
			(0.054)
身份承诺			0.295***
			(0.051)
女性	0.106***	0.062*	0.010
	(0.023)	(0.027)	(0.063)
年龄	0.002	0.007***	0.005^
	(0.001)	(0.001)	(0.003)
受教育程度	0.034**	-0.003	0.019
	(0.011)	(0.013)	(0.030)
中共党员	0.103***	0.066*	0.103
	(0.028)	(0.033)	(0.076)
截距项	4.357***	3.677***	
	(0.089)	(0.112)	

注：本表展示了多重插补数据检验结果的合并估计量，括号内为稳健标准误；^ 表示 $p < 0.1$；* 表示 $p < 0.05$；** 表示 $p < 0.01$；*** 表示 $p < 0.001$；定序 Logistic 回归模型中临界点系数估计值本表不再展示。

表 A-4　垃圾分类行为对溢出路径的调节效应检验结果 (*N*=4253)

项目	环保目标承诺	自我环保身份承诺
回忆组	-0.120***	-0.162***
	(0.031)	(0.036)
进展组	-0.064*	-0.104**
	(0.032)	(0.037)
环保组	-0.072*	-0.104**
	(0.031)	(0.038)
经济组	-0.131***	-0.091*
	(0.031)	(0.036)
垃圾分类水平	0.100***	0.126***
	(0.018)	(0.022)
垃圾分类水平 * 回忆组	-0.048ˆ	-0.047
	(0.028)	(0.032)
垃圾分类水平 * 进展组	-0.012	0.025
	(0.029)	(0.032)
垃圾分类水平 * 环保组	0.015	-0.004
	(0.029)	(0.034)
垃圾分类水平 * 经济组	-0.016	-0.043
	(0.027)	(0.030)
女性	0.103***	0.061*
	(0.021)	(0.024)
年龄	0.002ˆ	0.007***
	(0.001)	(0.001)
受教育程度	0.035***	0.003
	(0.010)	(0.011)
中共党员	0.094***	0.068*
	(0.025)	(0.029)
截距项	4.350***	3.712***
	(0.081)	(0.097)

注：括号内为稳健标准误；ˆ 表示 $p < 0.1$；* 表示 $p < 0.05$；** 表示 $p < 0.01$；*** 表示 $p < 0.001$。

表 A-5　社区环保规范对溢出路径的调节效应检验结果（*N*=4170）

项目	环保目标承诺	自我环保身份承诺	社区垃圾处理站支持度	社区环保志愿组织参与意愿	社区环保捐赠意愿
回忆组	-0.047	-0.108*	-0.070	0.080	0.114
	(0.040)	(0.050)	(0.127)	(0.120)	(0.121)
进展组	-0.046	-0.058	0.178	0.001	0.021
	(0.042)	(0.054)	(0.130)	(0.127)	(0.126)
环保组	-0.041	-0.030	0.217^	0.043	0.154
	(0.041)	(0.054)	(0.130)	(0.128)	(0.124)
经济组	-0.184***	-0.027	0.283*	0.231^	-0.016
	(0.044)	(0.050)	(0.122)	(0.120)	(0.124)
强社区环保规范	-0.050	0.048	0.218	0.344**	0.238^
	(0.043)	(0.055)	(0.134)	(0.131)	(0.126)
强环保规范 * 回忆组	-0.108^	-0.036	-0.206	-0.376*	-0.299^
	(0.063)	(0.074)	(0.180)	(0.175)	(0.173)
强环保规范 * 进展组	0.0028	-0.006	-0.258	-0.301	-0.225
	(0.067)	(0.084)	(0.192)	(0.187)	(0.179)
强环保规范 * 环保组	-0.007	-0.076	-0.344^	-0.105	-0.239
	(0.063)	(0.080)	(0.195)	(0.189)	(0.174)
强环保规范 * 经济组	0.145*	-0.090	-0.441*	-0.307^	-0.196
	(0.065)	(0.075)	(0.181)	(0.181)	(0.182)
目标承诺			0.128**	0.463***	0.618***
			(0.047)	(0.052)	(0.058)
身份承诺			0.463***	0.620***	0.223***
			(0.045)	(0.048)	(0.042)
女性	0.116***	0.075**	-0.155**	0.180**	-0.059
	(0.021)	(0.024)	(0.056)	(0.057)	(0.057)
年龄	0.003**	0.008**	0.006*	0.006*	-0.006*
	(0.001)	(0.001)	(0.003)	(0.003)	(0.003)
受教育程度	0.037***	0.003	-0.145***	-0.162***	0.041
	(0.010)	(0.012)	(0.026)	(0.027)	(0.027)
中共党员	0.114***	0.086**	0.241***	0.483***	0.589***
	(0.025)	(0.030)	(0.066)	(0.069)	(0.073)
截距项	4.293***	3.611***			

注：本表展示了多重插补数据检验结果的合并估计量，括号内为稳健标准误；^ 表示 $p < 0.1$；* 表示 $p < 0.05$；** 表示 $p < 0.01$；*** 表示 $p < 0.001$；定序 Logistic 回归模型中临界点系数估计值本表不再展示。

附录 B 短期田野准实验数据分析的补充材料

表 B-1 行为溢出中介机制的"Bootstrap 法"完整检验结果 (N=200)

因变量

自变量	中介变量	绿色出行	关闭不使用的插排	关闭不使用的电器	随手关灯
环保组	目标承诺	0.075 [0.016, 0.190]	0.068 [0.006, 0.188]	0.070 [0.011, 0.184]	-0.015 [-0.120, 0.059]
	身份承诺	0.023 [-0.033, 0.119]	0.025 [-0.035, 0.122]	0.023 [-0.038, 0.101]	0.019 [-0.028, 0.107]
经济组	目标承诺	0.043 [0.0005, 0.137]	0.040 [-0.004, 0.137]	0.041 [-0.003, 0.134]	-0.009 [-0.085, 0.033]
	身份承诺	-0.081 [-0.207, -0.012]	-0.088 [-0.229, -0.012]	-0.082 [-0.200, -0.014]	-0.070 [-0.206, 0.0003]
环保组		0.036 [-0.268, 0.347]	0.263 [-0.025, 0.560]	0.235 [-0.052, 0.507]	0.426 [0.067, 0.776]
经济组		0.026 [-0.309, 0.333]	0.189 [-0.204, 0.568]	0.541 [0.171, 0.898]	0.077 [-0.350, 0.489]

自变量	中介变量	合理使用"峰谷电"	循环利用水资源	节约饮用水	自备购物袋
环保组	目标承诺	0.016 [-0.050, 0.138]	0.012 [-0.050, 0.114]	0.051 [-0.034, 0.173]	0.029 [-0.031, 0.128]
	身份承诺	0.006 [-0.013, 0.080]	0.024 [-0.036, 0.110]	0.031 [-0.057, 0.120]	0.016 [-0.020, 0.098]
经济组	目标承诺	0.009 [-0.030, 0.103]	0.007 [-0.028, 0.085]	0.029 [-0.017, 0.131]	0.017 [-0.014, 0.097]
	身份承诺	-0.020 [-0.121, 0.035]	-0.087 [-0.227, -0.016]	-0.112 [-0.275, -0.017]	-0.058 [-0.174, -0.001]
环保组		0.241 [-0.086, 0.587]	0.262 [-0.042, 0.576]	-0.028 [-0.348, 0.285]	0.163 [-0.143, 0.490]
经济组		0.141 [-0.264, 0.549]	0.192 [-0.208, 0.571]	0.082 [-0.281, 0.403]	0.197 [-0.215, 0.574]

自变量	中介变量	购买节能产品	出游时自带洗漱品	拒绝一次性餐具	环保政策支持
环保组	目标承诺	0.071 [0.015, 0.171]	0.064 [0.004, 0.172]	0.030 [-0.066, 0.117]	0.196 [0.076, 0.380]
	身份承诺	0.021 [-0.029, 0.105]	0.024 [-0.036, 0.119]	0.022 [-0.036, 0.109]	0.013 [-0.013, 0.093]

续表

自变量	中介变量	因变量			
经济组	目标承诺	0.041 [-0.001, 0.127]	0.037 [-0.003, 0.136]	0.017 [-0.031, 0.105]	0.114 [-0.013, 0.268]
	身份承诺	-0.074 [-0.199, -0.012]	-0.087 [-0.210, -0.014]	-0.080 [-0.206, -0.011]	-0.045 [-0.156, 0.004]
环保组		0.297 [0.057, 0.544]	0.207 [0.057, 0.505]	-0.149 [-0.468, 0.148]	0.021 [-0.295, 0.350]
经济组		-0.043 [-0.363, 0.281]	0.239 [-0.145, 0.593]	0.001 [-0.347, 0.334]	0.11 [-0.287, 0.475]
公民性行为					
环保组	目标承诺	0.068 [0.004, 0.175]			
	身份承诺	0.006 [-0.013, 0.079]			
经济组	目标承诺	0.039 [-0.004, 0.136]			
	身份承诺	-0.021 [-0.123, 0.039]			
环保组		0.173 [-0.172, 0.505]			
经济组		-0.024 [-0.392, 0.347]			

注：括号外的数字代表中介效应量的点估计值，括号内的数字代表该效应量的95%置信区间；不含零值的区间已被加粗，代表显著的中介路径。

表 B-2 被试各类环保行为参与水平均值（前测得分）的两两比较结果（N=200）

行为 1	行为 2	行为 1 均值	行为 2 均值	均值差	TK-test
垃圾分类	公民性行为	3.369	3.538	0.169	2.562
垃圾分类	环保政策支持	3.369	4.115	0.746	11.331*
垃圾分类	绿色出行	3.369	3.480	0.111	1.689
垃圾分类	自备购物袋	3.369	3.520	0.151	2.297
垃圾分类	购买节能产品	3.369	4.120	0.751	11.407*
垃圾分类	自备洗漱品	3.369	3.935	0.566	8.598*
垃圾分类	拒绝一次性餐具	3.369	2.855	0.514	7.801*
垃圾分类	循环利用水资源	3.369	3.450	0.081	1.234
垃圾分类	节约饮用水	3.369	3.070	0.299	4.536
垃圾分类	关闭不使用的插排	3.369	4.035	0.666	10.117*
垃圾分类	关闭不使用的电器	3.369	3.950	0.581	8.826*
垃圾分类	随手关灯	3.369	3.500	0.131	1.993
垃圾分类	合理使用"峰谷电"	3.369	3.290	0.079	1.196
公民行为	环保政策支持	3.538	4.115	0.578	8.769*
公民行为	绿色出行	3.538	3.480	0.058	0.873
公民行为	自备购物袋	3.538	3.520	0.018	0.266
公民行为	购买节能产品	3.538	4.120	0.583	8.845*
公民行为	自备洗漱品	3.538	3.935	0.398	6.036*
公民行为	拒绝一次性餐具	3.538	2.855	0.683	10.363*
公民行为	循环利用水资源	3.538	3.450	0.088	1.329
公民行为	节约饮用水	3.538	3.070	0.468	7.099*
公民行为	关闭不使用的插排	3.538	4.035	0.498	7.554*
公民行为	关闭不使用的电器	3.538	3.950	0.413	6.264*
公民行为	随手关灯	3.538	3.500	0.038	0.569
公民性行为	合理使用"峰谷电"	3.538	3.290	0.248	3.758
环保政策支持	绿色出行	4.115	3.480	0.635	9.642*
环保政策支持	自备购物袋	4.115	3.520	0.595	9.035*
环保政策支持	购买节能产品	4.115	4.120	0.005	0.076
环保政策支持	自备洗漱品	4.115	3.935	0.180	2.733
环保政策支持	拒绝一次性餐具	4.115	2.855	1.260	19.132*
环保政策支持	循环利用水资源	4.115	3.450	0.665	10.098*

行为1	行为2	行为1均值	行为2均值	均值差	TK-test
环保政策支持	节约饮用水	4.115	3.070	1.045	15.868*
环保政策支持	关闭不使用的插排	4.115	4.035	0.080	1.215
环保政策支持	关闭不使用的电器	4.115	3.950	0.165	2.505
环保政策支持	随手关灯	4.115	3.500	0.615	9.338*
环保政策支持	合理使用"峰谷电"	4.115	3.290	0.825	12.527*
绿色出行	自备购物袋	3.480	3.520	0.040	0.607
绿色出行	购买节能产品	3.480	4.120	0.640	9.718*
绿色出行	自备洗漱品	3.480	3.935	0.455	6.909*
绿色出行	拒绝一次性餐具	3.480	2.855	0.625	9.490*
绿色出行	循环利用水资源	3.480	3.450	0.030	0.456
绿色出行	节约饮用水	3.480	3.070	0.410	6.226*
绿色出行	关闭不使用的插排	3.480	4.035	0.555	8.427*
绿色出行	关闭不使用的电器	3.480	3.950	0.470	7.137*
绿色出行	随手关灯	3.480	3.500	0.020	0.304
绿色出行	合理使用"峰谷电"	3.480	3.290	0.190	2.885
自备购物袋	购买节能产品	3.520	4.120	0.600	9.111*
自备购物袋	自备洗漱品	3.520	3.935	0.415	6.301*
自备购物袋	拒绝一次性餐具	3.520	2.855	0.665	10.098*
自备购物袋	循环利用水资源	3.520	3.450	0.070	1.063
自备购物袋	节约饮用水	3.520	3.070	0.450	6.833*
自备购物袋	关闭不使用的插排	3.520	4.035	0.515	7.820*
自备购物袋	关闭不使用的电器	3.520	3.950	0.430	6.529*
自备购物袋	随手关灯	3.520	3.500	0.020	0.304
自备购物袋	合理使用"峰谷电"	3.520	3.290	0.230	3.492
购买节能产品	自备洗漱品	4.120	3.935	0.185	2.809
购买节能产品	拒绝一次性餐具	4.120	2.855	1.265	19.208*
购买节能产品	循环利用水资源	4.120	3.450	0.670	10.173*
购买节能产品	节约饮用水	4.120	3.070	1.050	15.943*
购买节能产品	关闭不使用的插排	4.120	4.035	0.085	1.291
购买节能产品	关闭不使用的电器	4.120	3.950	0.170	2.581
购买节能产品	随手关灯	4.120	3.500	0.620	9.414*
购买节能产品	合理使用"峰谷电"	4.120	3.290	0.830	12.603*

续表

行为1	行为2	行为1 均值	行为2 均值	均值差	TK-test
自备洗漱品	拒绝一次性餐具	3.935	2.855	1.080	16.399*
自备洗漱品	循环利用水资源	3.935	3.450	0.485	7.3643*
自备洗漱品	节约饮用水	3.935	3.070	0.865	13.134*
自备洗漱品	关闭不使用的插排	3.935	4.035	0.100	1.518
自备洗漱品	关闭不使用的电器	3.935	3.950	0.015	0.228
自备洗漱品	随手关灯	3.935	3.500	0.435	6.605*
自备洗漱品	合理使用"峰谷电"	3.935	3.290	0.645	9.794*
拒绝一次性餐具	循环利用水资源	2.855	3.450	0.595	9.035*
拒绝一次性餐具	节约饮用水	2.855	3.070	0.215	3.265
拒绝一次性餐具	关闭不使用的插排	2.855	4.035	1.180	17.917*
拒绝一次性餐具	关闭不使用的电器	2.855	3.950	1.095	16.627*
拒绝一次性餐具	随手关灯	2.855	3.500	0.645	9.794*
拒绝一次性餐具	合理使用"峰谷电"	2.855	3.290	0.435	6.605*
循环利用水资源	节约饮用水	3.450	3.070	0.380	5.770*
循环利用水资源	关闭不使用的插排	3.450	4.035	0.585	8.883*
循环利用水资源	关闭不使用的电器	3.450	3.950	0.500	7.592*
循环利用水资源	随手关灯	3.450	3.500	0.050	0.759
循环利用水资源	合理使用"峰谷电"	3.450	3.290	0.160	2.430
节约饮用水	关闭不使用的插排	3.070	4.035	0.965	14.653*
节约饮用水	关闭不使用的电器	3.070	3.950	0.880	13.362*
节约饮用水	随手关灯	3.070	3.500	0.430	6.529*
节约饮用水	合理使用"峰谷电"	3.070	3.290	0.220	3.341
关闭不使用的插排	关闭不使用的电器	4.035	3.950	0.085	1.291
关闭不使用的插排	随手关灯	4.035	3.500	0.535	8.124*
关闭不使用的插排	合理使用"峰谷电"	4.035	3.290	0.745	11.312*
关闭不使用的电器	随手关灯	3.950	3.500	0.450	6.833*
关闭不使用的电器	合理使用"峰谷电"	3.950	3.290	0.660	10.022*
随手关灯	合理使用"峰谷电"	3.500	3.290	0.210	3.189

注: *表示 $p < 0.05$。

附录 C　长期田野准实验数据分析的补充材料

表 C-1　经济激励型垃圾分类项目对垃圾分类行为与其他垃圾治理政策支持度的影响
（后测 1）

	垃圾分类行为（T_1）		计量收费支持度（T_1）		处理站支持度（T_1）	
	系数	稳健 SE	系数	稳健 SE	系数	稳健 SE
经济激励项目	0.391***	0.113	−1.238***	0.175	−0.481***	0.098
垃圾分类行为（T_0）	0.019	0.072	0.083	0.088	−0.034	0.066
计量收费支持度（T_0）	−0.067	0.063	0.027	0.083	−0.061	0.039
处理站支持度（T_0）	−0.004	0.072	0.137	0.100	0.234***	0.068
环保目标承诺（T_0）	0.041	0.068	0.121	0.090	0.021	0.055
环保身份承诺（T_0）	0.190	0.114	0.041	0.150	−0.023	0.090
环保社会规范感知（T_0）	0.226*	0.108	−0.300	0.181	−0.022	0.104
环保自我效能感（T_0）	−0.018	0.112	0.100	0.143	0.078	0.102
内在环保规范感知（T_0）	−0.181	0.138	−0.114	0.176	0.023	0.095
利他价值（T_0）	−0.103	0.069	0.133	0.105	−0.024	0.060
生态价值（T_0）	−0.020	0.074	−0.039	0.119	−0.116	0.071
享乐价值（T_0）	−0.049	0.050	−0.051	0.078	−0.014	0.044
自利价值（T_0）	0.039	0.056	−0.121	0.095	−0.021	0.054
环保偏好（T_0）	0.033	0.107	0.022	0.147	0.052	0.103
环境保护重要性感知（T_0）	−0.047	0.082	0.132	0.113	−0.006	0.075
环保行为重要性感知（T_0）	0.000	0.079	0.028	0.104	0.046	0.065
女性（T_0）	0.126	0.105	−0.031	0.168	−0.097	0.102
年龄（T_0）	0.007	0.005	−0.009	0.007	−0.005	0.005
受教育程度（T_0）	0.117*	0.056	0.026	0.078	−0.012	0.046
家庭月收入（T_0）	0.040	0.044	−0.028	0.069	−0.035	0.034
地方实际环保规范（T_0）	0.389	0.319	1.206*	0.483	0.281	0.300
所处镇街（T_0）	−0.142	0.143	−0.463*	0.202	−0.297*	0.125
常数项	1.540	1.216	−0.152	1.744	3.588***	1.035

注：SE 表示标准误；T_0 表示前测；T_1 表示后测 1。回归使用逆概率权重作为抽样权重。* 表示 $p < 0.05$，*** 表示 $p < 0.001$。$N=525$。

表 C-2　经济激励型垃圾分类项目对垃圾分类行为与其他垃圾治理政策支持度的影响
（后测 2）

	垃圾分类行为（T_2）		计量收费支持度（T_2）		处理站支持度（T_2）	
	系数	稳健 SE	系数	稳健 SE	系数	稳健 SE
经济激励项目	0.682***	0.104	−0.510***	0.153	−0.098	0.123
垃圾分类行为（T_0）	0.028	0.065	−0.282**	0.097	−0.122	0.065
计量收费支持度（T_0）	0.006	0.062	0.227*	0.090	0.237*	0.101
处理站支持度（T_0）	−0.064	0.057	−0.032	0.080	0.014	0.069
环保目标承诺（T_0）	0.039	0.063	0.006	0.085	−0.074	0.057
环保身份承诺（T_0）	−0.092	0.104	−0.076	0.132	−0.182	0.103
环保社会规范感知（T_0）	−0.123	0.104	−0.299	0.190	0.055	0.129
环保自我效能感（T_0）	−0.009	0.123	−0.059	0.146	0.162	0.116
内在环保规范感知（T_0）	0.050	0.115	0.300	0.186	−0.136	0.138
利他价值（T_0）	−0.021	0.062	0.208*	0.095	0.118	0.072
生态价值（T_0）	−0.055	0.074	−0.172	0.121	0.007	0.079
享乐价值（T_0）	−0.064	0.040	−0.115	0.069	0.028	0.047
自利价值（T_0）	0.080	0.052	−0.051	0.076	0.000	0.057
环境保护重要性感知（T_0）	0.121	0.079	0.123	0.111	0.021	0.075
环保行为重要性感知（T_0）	0.010	0.065	0.072	0.090	0.040	0.062
环保偏好（T_0）	0.188	0.100	0.197	0.156	0.078	0.101
女性（T_0）	0.028	0.099	−0.590***	0.148	−0.383	0.120
年龄（T_0）	−0.008	0.004	0.000	0.007	−0.001	0.004
受教育程度（T_0）	−0.006	0.042	0.034	0.074	0.071	0.051
家庭月收入（T_0）	−0.009	0.042	−0.086	0.063	−0.145*	0.060
地方实际环保规范（T_0）	0.798***	0.238	2.094***	0.401	1.319***	0.291
所处镇街（T_0）	−0.005	0.115	−0.258	0.200	0.057	0.146
常数项	1.346	0.831	−2.667	1.482	−0.824	1.020

注：SE 表示标准误；T_0 表示前测；T_2 表示后测 2。回归使用逆概率权重作为抽样权重。* 表示 $p < 0.05$，** 表示 $p < 0.01$，*** 表示 $p < 0.001$。N=525。

表 C-3　经济激励型垃圾分类项目对两类承诺感的影响（后测1）

项目	环保目标承诺（T_1）		环保身份承诺（T_1）	
	系数	稳健 SE	系数	稳健 SE
经济激励项目	−0.992***	0.141	−0.421***	0.091
垃圾分类行为（T_0）	−0.021	0.060	0.019	0.048
计量收费支持度（T_0）	−0.143***	0.045	−0.060	0.049
处理站支持度（T_0）	0.229**	0.075	0.057	0.052
环保目标承诺（T_0）	0.093	0.066	0.057	0.049
环保身份承诺（T_0）	−0.040	0.114	0.118	0.084
环保社会规范感知（T_0）	0.108	0.141	−0.020	0.090
环保自我效能感（T_0）	−0.145	0.111	0.020	0.092
内在环保规范感知（T_0）	−0.011	0.124	−0.103	0.093
利他价值（T_0）	0.061	0.084	−0.024	0.055
生态价值（T_0）	−0.032	0.096	0.109	0.064
享乐价值（T_0）	0.071	0.063	−0.038	0.039
自利价值（T_0）	−0.017	0.074	−0.072	0.047
环保偏好（T_0）	0.037	0.100	−0.100	0.086
环境保护重要性感知（T_0）	0.042	0.091	0.042	0.063
环保行为重要性感知（T_0）	0.054	0.095	0.019	0.050
女性（T_0）	−0.138	0.139	0.032	0.087
年龄（T_0）	0.000	0.006	0.003	0.004
受教育程度（T_0）	0.009	0.055	0.049	0.039
家庭月收入（T_0）	−0.139*	0.055	−0.065	0.034
地方实际环保规范（T_0）	1.435***	0.389	0.679**	0.233
所处镇街（T_0）	−0.700***	0.154	−0.561***	0.097
常数项	−0.860	1.410	1.899*	0.848

注：SE 表示标准误；T_0 表示前测；T_1 表示后测 1。回归使用逆概率权重作为抽样权重。* 表示 $p < 0.05$，** 表示 $p < 0.01$，*** 表示 $p < 0.001$。N=525。

表 C-4　经济激励型垃圾分类项目对两类承诺感的影响（后测 2）

项目	环保目标承诺（T_2）		环保身份承诺（T_2）	
	系数	稳健 SE	系数	稳健 SE
经济激励项目	-0.312^{***}	0.091	-0.191^{**}	0.068
垃圾分类行为（T_0）	-0.146^{**}	0.054	-0.055	0.038
计量收费支持度（T_0）	-0.024	0.042	0.035	0.029
处理站支持度（T_0）	0.033	0.050	0.060	0.044
环保目标承诺（T_0）	0.083	0.053	-0.015	0.036
环保身份承诺（T_0）	-0.060	0.089	-0.061	0.071
环保社会规范感知（T_0）	0.057	0.108	-0.052	0.070
环保自我效能感（T_0）	-0.043	0.099	0.091	0.076
内在环保规范感知（T_0）	0.140	0.104	0.005	0.071
利他价值（T_0）	0.117^{*}	0.048	-0.031	0.046
生态价值（T_0）	-0.200^{*}	0.068	0.026	0.057
享乐价值（T_0）	0.059	0.042	0.008	0.032
自利价值（T_0）	0.038	0.047	0.003	0.041
环保偏好（T_0）	0.245^{*}	0.098	0.122	0.064
环境保护重要性感知（T_0）	-0.009	0.069	0.090	0.050
环保行为重要性感知（T_0）	0.037	0.057	0.017	0.042
女性（T_0）	-0.284^{***}	0.086	-0.144^{*}	0.066
年龄（T_0）	-0.008	0.004	-0.006	0.003
受教育程度（T_0）	-0.031	0.041	0.000	0.029
家庭月收入（T_0）	-0.044	0.041	-0.038	0.027
地方实际环保规范（T_0）	1.416^{***}	0.264	1.187^{***}	0.202
所处镇街（T_0）	-0.064	0.125	-0.275^{***}	0.084
常数项	-0.838	0.904	0.034	0.684

注：SE 表示标准误；T_0 表示前测；T_2 表示后测 2。回归使用逆概率权重作为抽样权重。* 表示 $p < 0.05$，** 表示 $p < 0.01$，*** 表示 $p < 0.001$。$N = 525$。

后 记

　　作者及其研究团队长期从事居民环保行为与政策研究，行为溢出是作者持续关注的研究议题。承接前期学术积累，本书聚焦行为溢出的内在机理与影响因素这两类关键问题，研究内容在逻辑上层层递进。理论研究首先构建个体偏好的"自我推断"模型解释行为溢出现象的深层次发生机理，然后系统检视决策主体、客体和决策情境中四类因素对个体偏好推断的潜在作用，从而辨识影响溢出形态的关键因素。实验研究采取调查实验与田野准实验方法对理论模型展开检验。在理论与实验研究基础上，识别各类行为溢出效应的发生条件，形成政策优化的具体建议。

　　在书稿完成之际，作者要向下列人士致以最诚挚的谢意：

　　衷心感谢浙江大学王诗宗教授在行为溢出及其治理蕴涵方面提供的宝贵意见。感谢浙江大学谭荣教授、郭继强教授、蔡宁教授、田传浩教授及黄飚研究员在"自我推断"模型构建方面提供的独到见解。最后，感谢新加坡国立大学刘一鸣研究员对调查实验设计提供的建议。

凌卯亮　徐林

2022 年 3 月于杭州